建筑施工特种作业人员安全技术培训教材

建筑起重司索信号工

黑龙江省建设安全协会　主编

中国建材工业出版社

图书在版编目(CIP)数据

建筑起重司索信号工/黑龙江省建设安全协会主编
. --北京：中国建材工业出版社，2022.12
建筑施工特种作业人员安全技术培训教材
ISBN 978-7-5160-3565-8

Ⅰ.①建… Ⅱ.①黑… Ⅲ.①建筑机械—起重机械—信号—安全培训—教材 Ⅳ.①TH210.8

中国版本图书馆 CIP 数据核字（2022）第 149773 号

建筑起重司索信号工
Jianzhu Qizhong Sisuo Xinhaogong
黑龙江省建设安全协会 主编

出版发行：中国建材工业出版社
地 址：北京市海淀区三里河路 11 号
邮 编：100831
经 销：全国各地新华书店
印 刷：北京雁林吉兆印刷有限公司
开 本：850mm×1168mm 1/32
印 张：5.75
字 数：130 千字
版 次：2022 年 12 月第 1 版
印 次：2022 年 12 月第 1 次
定 价：26.00 元

本社网址：www.jccbs.com，微信公众号：zgjcgycbs

《建筑施工特种作业人员安全技术培训教材》编审委员会

《建筑起重司索信号工》
编写组名单

主　　编：张国飞

编写成员：李宏伟　白　晶　孙艳红
王　成　梁永贵　张立军
王焕勇

序　言

建筑施工特种作业危险性大，极易对操作者本人、他人及设备、设施的安全造成重大危害，导致伤亡事故。加强建筑施工特种作业人员的专业培训教育，提高特种作业人员技能水平，对防止和减少生产安全事故、保障建筑施工安全生产有重要意义。

本系列教材主要依据《住房和城乡建设部关于〈建筑施工特种作业人员管理规定〉的通知》（建质〔2008〕75号）、《关于建筑施工特种作业人员考核工作的实施意见》（建办质〔2008〕41号），按照建筑施工特种作业人员分类、《建筑施工特种作业人员安全技术考核大纲（试行）》，根据《房屋建筑和市政基础设施工程危及生产安全施工工艺、设备和材料淘汰目录（第一批）》的规定，以及建筑施工特种设备实际使用情况，遵循符合实际、注重实效的原则，编写了10本系列教材。其中，《特种作业人员安全生产基本知识》是综合性教材，适用于所有的建筑施工特种作业人员；其余9本为专业性用书，分别适用于建筑电工、普通脚手架架子工、附着式升降脚手架架子工、建筑起重司索信号工、塔式起重机司机、塔式起重机安装拆卸工、施工升降机司机、施工升降机安装拆卸工、高处作业吊篮安装拆卸工。

本系列教材主要用于建筑施工特种作业人员的技术培训和指导考核，也可作为专业院校和有关培训机构的建筑施工安全教学用书。本教材虽经反复推敲，仍难免有不妥之处，敬请广大读者提出宝贵意见。

本系列教材主编单位： 黑龙江省建设安全协会

本系列教材参编单位： 中建三局集团有限公司

中建铁路投资建设集团有限公司

中建铁投轨道交通建设有限公司

中建铁投科技工程有限公司

中建六局水利水电建设集团有限公司

中国建筑第八工程局有限公司

黑龙江省黑建一建筑工程有限责任公司

哈尔滨哈飞建筑安装工程有限责任公司

华润置地（哈尔滨）房地产开发有限公司

哈尔滨万科企业有限公司

深圳（哈尔滨）产业园投资开发有限公司

黑龙江中阳建设工程监理有限公司

编审委员会

2022 年 4 月

前　　言

为进一步提高建筑施工特种作业人员安全生产知识水平，不断提升安全生产意识和自我保护能力，确保取得“建筑施工特种作业操作资格证书”人员具备独立从事相应工作的能力，我们编写了《建筑起重司索信号工》一书。

建筑起重司索信号工作为建筑施工特种作业人员中的一个重要成员，从事着对本人、他人及设备设施可能造成重大安全危害的作业。因此，结合其工作的特殊性，在编写教材时，充分研究了他们的文化水平、理解能力、接受能力和岗位责任，本着“深入浅出、图文并茂、指导实践”的原则，突出了针对性、专业性、实用性和知识性。本书包括常用起重机械，物体的重力、重心和稳定性，起重吊装作业，常用的起重吊装索具和吊具，起重机械联合作业，起重司索信号工安全技术操作规程，起重司索信号工作业事故案例分析，起重吊运指挥信号，共八章内容。

由于编写时间仓促，编者水平有限，书中难免存在疏漏和不足，敬请读者予以指正。

编　者

2022 年 4 月

目　　录

第一章　常用起重机械

第一节　起重机械的分类及技术参数

一、起重机械的分类

根据《起重机械分类》（GB/T 20776），起重机械分为轻小型起重设备、起重机、升降机、工作平台和机械式停车设备五大类，如图 1-1 所示。

根据国务院批准的《特种设备目录》规定，起重机械是指用于垂直升降或者垂直升降并水平移动重物的机电设备，其范围规定为额定起重量大于或者等于 0.5t 的升降机；额定起重量大于或者等于 3t（或额定起重力矩大于或者等于 40t·m 的塔式起重机），且提升高度大于或者等于 2m 的起重机；层数大于或者等于 2 层的机械式停车设备。

将起重机械分为：桥式起重机、门式起重机、塔式起重机、流动式起重机、门座式起重机、升降机、缆索式起重机、桅杆起重机、机械式停车设备。详见表 1-1。

建筑施工现场主要使用的起重机类型为塔式起重机、流动式起重机、施工升降机三种，其中，流动式起重机主要有轮胎式和履带式。如图 1-2 所示，为施工现场常用的塔式起重机（a）、汽车起重机（b）、履带起重机（c）。

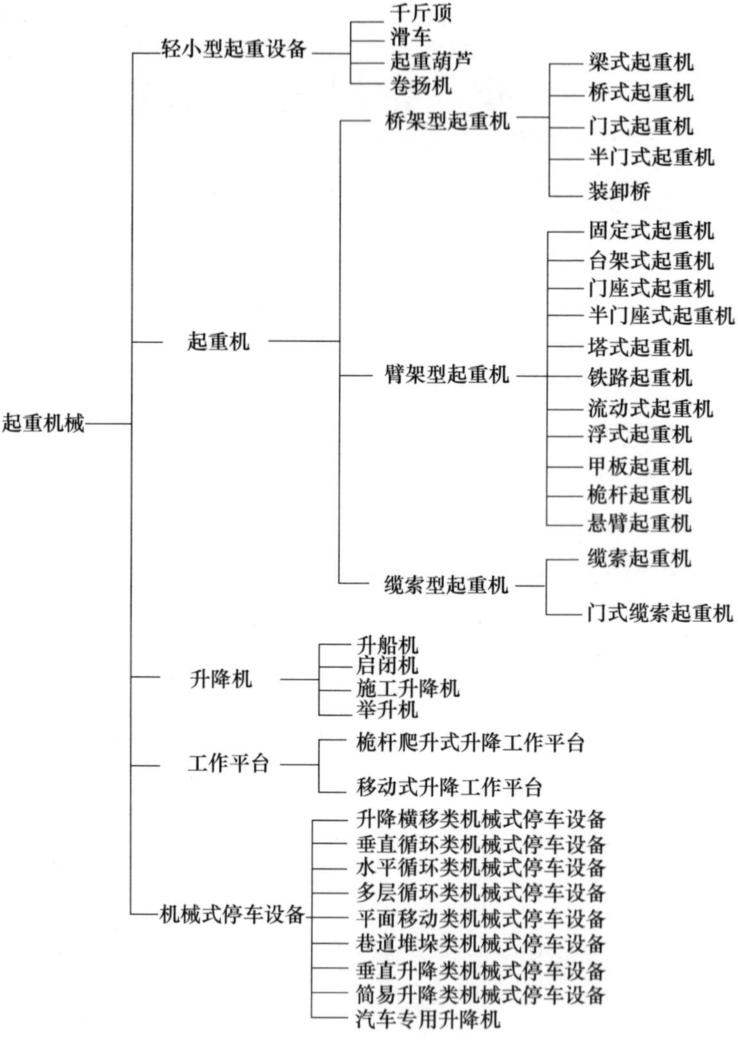

起重机械
轻小型起重设备
千斤顶
滑车
起重葫芦
卷扬机
起重机
桥架型起重机
梁式起重机
桥式起重机
门式起重机
半门式起重机
装卸桥
臂架型起重机
固定式起重机
台架式起重机
门座式起重机
半门座式起重机
塔式起重机
铁路起重机
流动式起重机
浮式起重机
甲板起重机
桅杆起重机
悬臂起重机
缆索型起重机
缆索起重机
门式缆索起重机
升降机
升船机
启闭机
施工升降机
举升机
工作平台
桅杆爬升式升降工作平台
移动式升降工作平台
机械式停车设备
升降横移类机械式停车设备
垂直循环类机械式停车设备
水平循环类机械式停车设备
多层循环类机械式停车设备
平面移动类机械式停车设备
巷道堆垛类机械式停车设备
垂直升降类机械式停车设备
简易升降类机械式停车设备
汽车专用升降机

图 1-1　起重机械的类别

表 1-1　起重机械特种设备目录

类别	代码	品种
桥式起重机	4110	通用桥式起重机
	4130	防爆桥式起重机
	4140	绝缘桥式起重机
	4150	冶金桥式起重机
	4170	电动单梁起重机
	4190	电动葫芦桥式起重机
门式起重机	4210	通用门式起重机
	4220	防爆门式起重机
	4230	轨道式集装箱门式起重机
	4240	轮胎式集装箱门式起重机
	4250	岸边集装箱起重机
	4260	造船门式起重机
	4270	电动葫芦门式起重机
	4280	装卸桥
	4290	架桥机
塔式起重机	4310	普通塔式起重机
	4320	电站塔式起重机
流动式起重机	4410	轮胎起重机
	4420	履带起重机
	4440	集装箱正面吊运起重机
	4450	铁路起重机
门座式起重机	4710	门座式起重机
	4760	固定式起重机
升降机	4860	施工升降机
	4870	简易升降机
缆索式起重机	4900	
桅杆式起重机	4A00	
机械式停车设备	4D00	

(a) 塔式起重机

(b) 汽车起重机

(c) 履带式起重机

图 1-2　施工现场常用的起重机

二、起重机械的技术参数

起重机械的技术参数表示起重机械的作业能力，表明了起重机械的工作性能，是设计起重机械的主要依据，也是起重司索信号作业人员必须了解的基本知识。它们主要有：起重量、起重力矩、起升高度、幅度、工作速度、结构重力和结构尺寸等。

（一）起重量

起重量是指吊钩能吊起的重力，其中包括吊索、吊具及容器的重力，单位为千克（kg）或吨（t），通常情况下是指额定起重量。对于幅度可变的起重机，它是指相应幅度处的额定起重量。起吊重物时，一定要用重物质量与吊具自身质量之和去衡量起重机是否超载。

（二）起重力矩 M

起重量与相应幅度的乘积称为起重力矩，惯用计量单位为 t・m（吨・米），标准计量单位为 kN・m。换算关系：1t・m≈10kN・m。额定起重力矩是起重机工作能力的重要参数，它是起重工作时保持起重机稳定性的控制值。起重机的起重量随着幅度的增加而相应递减。

（三）起升高度 H

起重吊具最高和最低工作位置之间的垂直距离称为起升范围。起重吊具的最高位置与起重机的水准地平面之间的垂直距离称为起升高度，也称吊钩有效高度。塔式起重机起升高度为混凝土基础表面（或行走轨道顶面）到吊钩的垂直距离。

（四）幅度 L

起重机处于水平状态时，吊具垂直中心至回转中心线之间的水平距离称为幅度，幅度有最大幅度和最小幅度之分。当臂架倾角最小或小车离起重机回转中心距离最大时，起重机的幅度为最大幅度；反之为最小幅度。

（五）工作速度

工作速度，按起重机工作机构的不同主要包括起升（下降）速度、起重机（大车）运行速度、变幅速度、回转速度等。

1. 起升（下降）速度，是指稳定运行状态下，额定荷载的垂直位移速度（m/min）。

2. 起重机（大车）运行速度，是指稳定运行状态下，起重机在水平路面或轨道上，带额定荷载的运行速度（m/min）。

3. 变幅速度，是指稳定运行状态下，吊臂挂最小额定荷载在变幅平面内从最大幅度至最小幅度的水平位移平均速度（m/min）。

4. 回转速度，是指稳定运动状态下，起重机转动部分的回转速度（r/min）。

（六）结构重力

结构重力是指起重机的各部件的重力，是起重机械运行、通过、组装时的重要数据。

（七）结构尺寸

移动式起重机的结构尺寸可分为行驶尺寸、运输尺寸和工作尺寸，可保证起重机械的顺利转场和工作时的环境相适应。固定式起重机的外形尺寸是考虑环境影响的重要依据，例如塔式起重机的尾部与周围建筑物及其外围施工设施之间的安全距离不小于 0.6m。

第二节　起重机械的基本构造及工作原理

一、塔式起重机

塔式起重机简称塔机或塔吊，是臂架安装在基本直立的塔身顶部，并能绕塔身做全回转运动的臂架类起重机。由于吊臂装在塔身顶部，它较大的起升高度和工作幅度与工作空间是一般自行式起重机所不能比拟的。塔式起重机具有适用范围广、作业半径大、起升高度高、操作简便、作业效率高等特点，主要用于房屋建筑施工中物料的垂直和水平输送及建筑构件的安装。而自行升高的自升塔式起重机的应用日益增多，它可安装在施工的建筑物内（一般安装在电梯井或楼梯间结构上）或附着于建筑物上。

图 1-3 是上回转自升式塔式起重机结构示意图，是目前最常见、应用最广泛的塔式起重机形式之一。

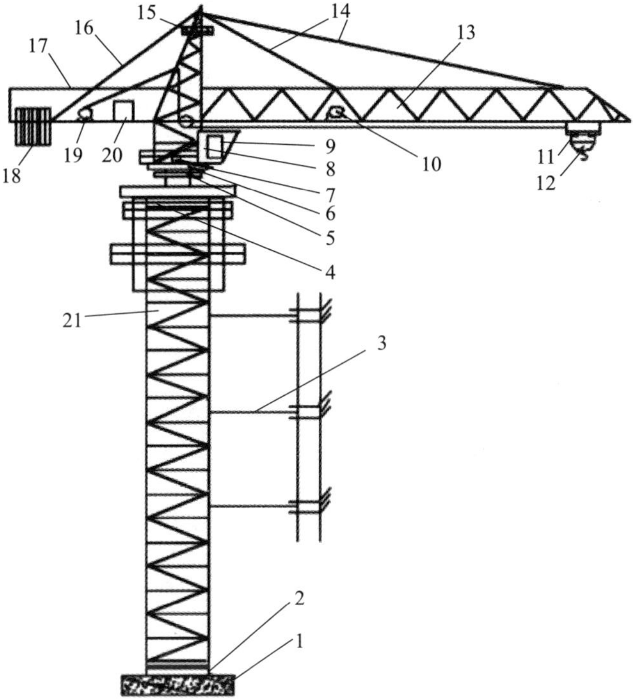

图 1-3　上回转自升式塔式起重机结构

1—固定基础；2—固定支腿；3—附着装置；4—顶升机构；5—下支座；6—上支座；7—回转机构；8—回转塔身；9—司机室；10—变幅机构；11—载重小车；12—吊钩；13—起重臂；14—起重臂拉杆；15—塔顶；16—平衡臂拉杆；17—平衡臂；18—平衡重；19—起升机构；20—电控柜；21—塔身

塔式起重机的独立式起升高度一般为 40～60m，外附着式和内爬升式起升高度随着建筑物高度可升高至 400m 以上，一般的回转半径在 30～70m。塔式起重机在施工现场的应用极大地减轻了建筑工人的劳动强度，提高了生产效率。

塔式起重机按照不同的特性有不同的分类方法，例如：按回转方式分为上回转式和下回转式；按变幅方式分为小车变幅式和动臂变幅式；按臂架结构支承形式，小车变幅塔式起重机又可分为平头式和非平头式；按支承（或行走）方式分为固定式和移动式。

平头式塔机是最近几年迅速发展起来的一种新型塔式起重机，其特点是在原自升式塔机的结构上取消了传统意义上的塔头及其前后拉杆部分和拉杆之间的铰接连接方式等，增强了起重臂和平衡臂的结构强度。起重臂、平衡臂属于悬臂静定结构，直接相连，臂架与塔身为T形刚性结构形式，如图1-4所示。

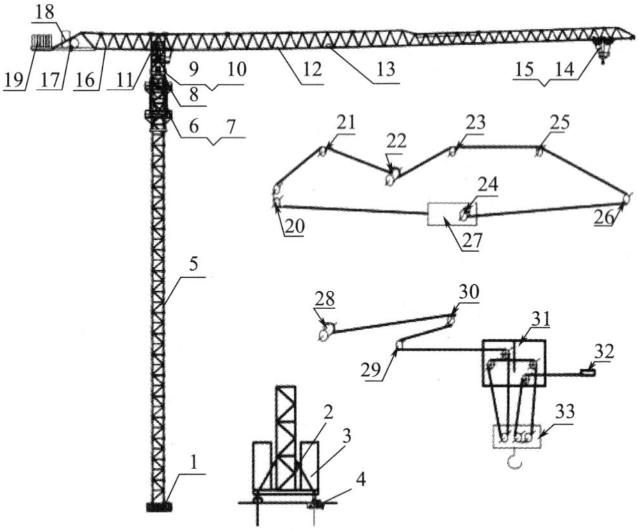

图1-4　平头式塔机结构、工作机构

1—固定脚（固定式）；2—压重架（压重式或行走式）；3—压重；4—行走台车；5—标准节；6—顶升套件；7—顶升机构；8—下回转；9—上回转；10—回转机构；11—塔头；12—臂架；13—变幅机构；14—变幅小车；15—吊钩总程；16—平衡臂；17—起升机构；18—电控柜；19—平衡重；20、29—臂根滑轮；21、23、25—臂架滑轮；22—变幅卷筒；24—张紧轮；26—臂端滑轮；27—变幅小车；28—起升卷筒；30—测力环；31—变幅小车滑轮组；32—臂端捋直器；33—吊钩滑轮组根据国家建筑机械与设备产品型号编制方法的规定，塔式起重机型号组成一般为：类组代号＋型式、特性代号＋主参数代号＋更新、变型代号。

主参数代号为额定起重力矩（单位为 kN·m），用阿拉伯数字表示，更新、变型代号用英文字母（大写印刷体）表示。例如，塔式起重机 QTZ80C 表示的含义：Q——起重；T——塔式；Z——自升；80——额定起重力矩（t·m）；C——更新、变型代号。

其中，主要参数代号用数字表示，它等于塔式起重机额定起重力矩（单位：kN·m×10^{-1}）；组、型、特性代号含义如下：

QT——上回转塔式起重机；

QTZ——上回转自升塔式起重机；

QTA——下回转塔式起重机；

QTK——快装塔式起重机；

QTQ——汽车塔式起重机；

QTL——轮胎塔式起重机；

QTU——履带塔式起重机；

QTH——组合塔式起重机；

QTP——内爬升式塔式起重机；

QTG——固定式塔式起重机。

目前，许多塔式起重机厂家采用国外的标记方式进行编号，即用塔式起重机最大臂长（m）与臂端（最大幅度）所能吊起的额定重力（kN）两个主参数来标记塔式起重机的型号，如 TC5013A，其含义：

T——塔的英文单词首字母（Tower）；

C——起重机的英文单词首字母（Crane）；

50——最大臂长 50m；

13——臂端起重量 13kN；

A——设计序号。

（一）塔式起重机基本构造

塔式起重机的基本结构由金属结构、工作机构、控制系统和安全保护、监控装置等部分组成。

塔式起重机的金属结构主要由底架、塔身、回转平台、起重臂、平衡臂、旋转塔身、塔顶、顶升套架、司机室和附着装置等部件组成。金属结构各部件在各类塔机中的位置如图 1-5 所示。

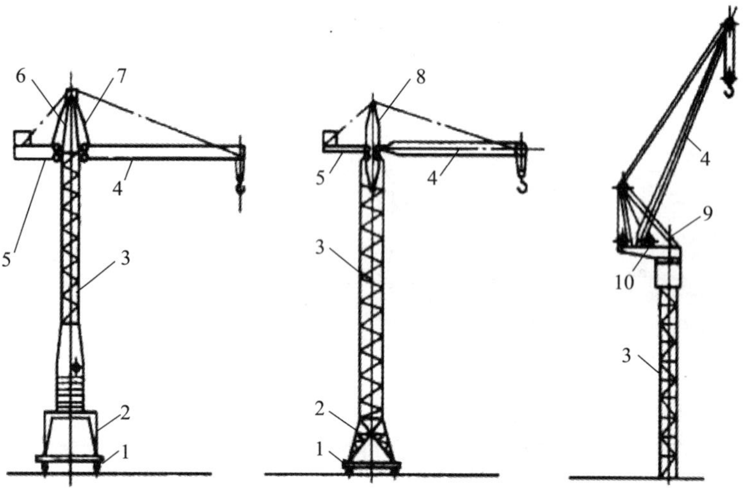

(a) 塔帽回转式　(b) 转柱式　(c) 上回转平台式

图 1-5　金属结构各部件在各类塔机中的位置

1—行走台车及横梁；2—门架；3—塔身；4—臂架；5—平衡臂架

6—塔顶；7—塔帽；8—转柱；9—人字架；10—回转平台

1. 塔身

塔身是塔式起重机的主体结构之一，支承着塔式起重机上部的自身重力和荷载的重力，是其他装置和机构的安装基础。

常见的塔身结构形式为空间桁架结构的正方形截面形式，

主弦杆为角钢或者方钢管、圆钢管。塔身腹杆为角钢或无缝钢管，有三角形、四边形等多种布置方式。

1）底架。

底架也称为底座，是整个塔式起重机的基础，所有机件及压重均装于其上，是承受起重机的自重和外来荷载等全部荷载的最底部结构件。

2）标准节。

塔身由若干个标准节组成，通过基础节与底座相连。标准节是由主肢、水平腹杆、斜撑杆和连接套等组成空间桁架结构，截面为正方形或矩形，由角钢或圆钢管组焊接制成。塔身标准节连接方式有高强度螺栓连接和销轴连接等。

2. 顶升套架

顶升套架又称爬升套架，塔式起重机的顶升作业靠此部件来完成。顶升套架为整体式结构，分外套架式和内套架式。

用得较多的外套架主要由套架、平台、栏杆和顶升油缸等组成。

3. 附着装置

当附着式塔式起重机在塔身高度超过限定自由高度时，应加附着装置。在设置第一道附着装置后，每增高塔身 14～20m 应再加设一道，最上一道附着装置以上的塔身自由高度不应超过规定限值。

附着装置把塔式起重机锚固在建筑物上，起着依附及增加塔式起重机刚度和稳定性的作用。

4. 回转支承部分

回转支承部分一般由回转平台、回转支承、固定支座（或底架）、回转机构等部分组成。

5. 塔顶

塔顶一般可分为刚性和可摆动两种类型，主要作用是支承起重臂。

刚性塔顶承受弯矩、压力、剪切作用。可摆动塔顶承受压力载荷作用（轴心受压平面杆件）。

6. 起重臂

小车变幅式臂架是利用沿臂架弦杆运行的起重小车的移动来实现变幅的，臂架主要承受轴向力及弯矩作用。

还有一种是平头式臂架，臂架与塔身为 T 形结构，平头式塔式起重机最显著的结构特征是没有塔头和拉杆。平头塔起重臂与塔身刚性连接。

7. 平衡臂

平衡臂主要用来搁置平衡配重、起升机构、电控柜等设施，常见的是由工字钢、槽钢或角钢组焊而成的平面框架。

8. 起重小车

起重小车是带动吊钩与起吊重物沿起重臂做往复运动的钢结构构件，具有四只行走轮，每边两只，行走轮的运行轨道是起重臂的下弦杆。在小车的一侧设有检修吊篮，可将检修人员安全地送到起重臂的检修处进行检修和安装。起重小车上设置有变幅钢丝绳调节轮，可用于张紧变幅钢丝绳。

（二）塔式起重机工作原理

1. 工作机构

塔式起重机的基本工作机构主要包括起升机构、变幅机构、回转机构、运行机构共四大机构。除此之外，自升式塔式起重机还应有液压顶升机构。

塔式起重机的控制系统能够控制四大机构进行有序的运行，包括电动机、控制器、配电柜、信号及照明装置等。其作用是用以改变起重机的运动特性，实现各机构的启动、变速、换向、制动和停止，以达到控制起重机作业所要求的各种动作，完成各种功能。该系统确保了塔式起重机运转动作的平稳、准确、可靠。各工作机构如图 1-6 所示。

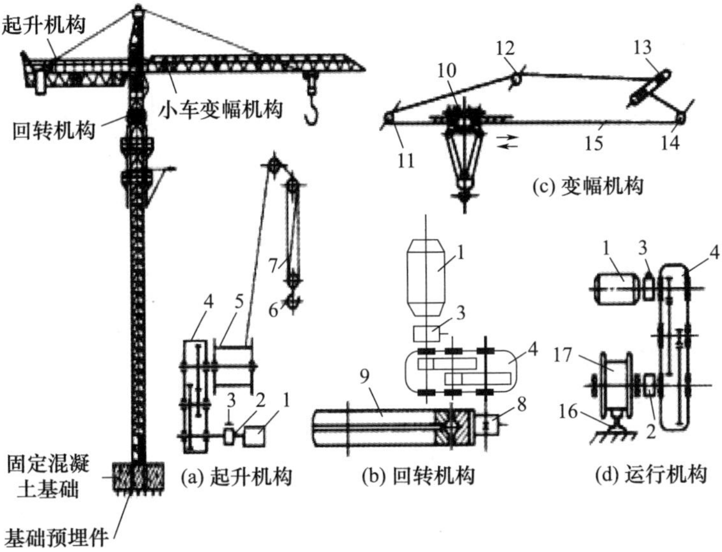

图 1-6　塔式起重机各工作机构

1—电动机；2—联轴器；3—制动器；4—减速器；5—起升卷筒；
6—吊钩；7—滑轮组；8—回转小齿轮；9—回转支承；10—小车；
11—架臂端部导向滑轮；12—张紧轮；13—变幅卷筒；
14—臂架根部导向滑轮；15—钢丝绳；16—轨道；17—车轮

1）起升机构。

塔式起重机的起升机构通常由电动机、制动器、减速器、卷筒、钢丝绳、滑轮组、起重小车及吊钩等零部件组成，如图 1-7所示。

起升机构是由双速或三速电动机通过制动轮弹性柱销联轴器带动减速箱，再驱动装在减速器输出轴上的卷筒，然后通过卷筒上卷绕的钢丝绳和安装在塔顶上的导向滑轮和臂架根部的起重量限制器滑轮，最后通过起重小车的滑轮组带动吊钩起升重物。

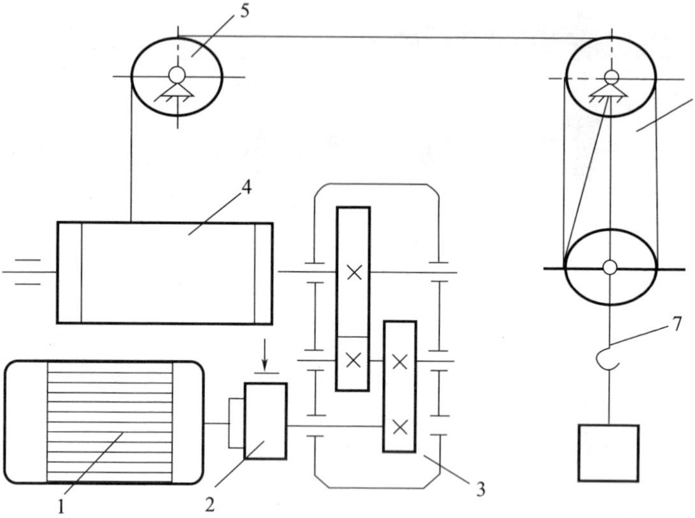

图 1-7　起升机构

1—电动机；2—联轴器、制动器；3—减速器；4—卷筒；
5—导向滑轮；6—滑轮组；7—吊钩

起升机构的制动器是常闭式制动器，即电动机通电时打开，电动机断电时闭合。制动器通常装在电动机联轴器高速轴上，多采用块式制动器，其上装有电磁铁或液压推杆作为松闸工作装置。制动器的作用是控制重物下降速度或使其停止在空中某一位置，不允许重物在重力作用下自由下落，以保证起升机构的正常工作和安全可靠。

在卷筒轴的另一端装有高度限位器。当重物起升到最高极限位置或下降至最低极限位置时，高度限位器就可以控制电动机自动停止运行。这时只允许向相反方向运行，起到限位的作用，从而保证重物在一定范围内工作，高度限位器可根据现场实际需要的高度进行调整。

2）回转机构。

回转机构由回转电动机、液力耦合器、行星摆线针轮减速机和回转小齿轮等组成，其安装位置在上支座的一侧，常采用立式电动机与行星摆线针轮减速机作为传动装置，行星传动具有传动比大、结构紧凑等优点。

在塔式起重机的上支座的一侧（或两侧）安装有回转驱动机构，是旋转部分与固定部分实现相对转动的装置。它是由电动机驱动行星齿轮减速机带动回转小齿轮，小齿轮与装在塔式起重机固定部分上的外齿圈相啮合，从而带动置于塔式起重机上部的回转塔身、起重臂等做左右回转来实现的，如图 1-8 所示。在上支座的另一侧安装有回转限位器，起到回转限位作用。

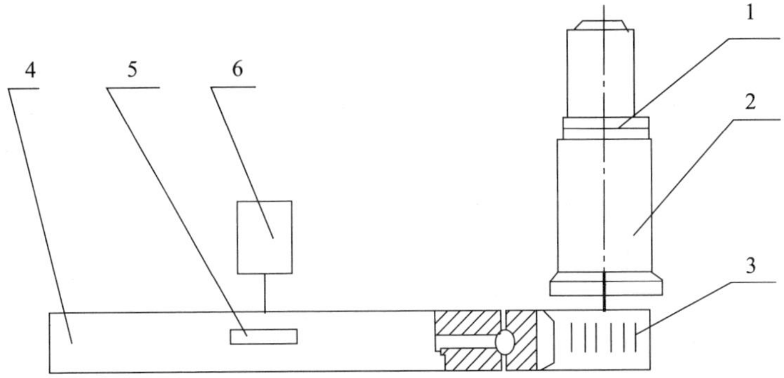

图 1-8　回转机构传动示意图

1—液力耦合器；2—行星摆线针轮减速机；3—回转小齿轮；
4—回转支承；5—回转限位小齿轮；6—回转限位器

回转机构中的制动器一般选用常开式，在不工作时，如风速大于 6 级，回转部分应能随风转动。

为防止起重臂在作业时回转溜车，在液力耦合器与减速机之间装有采用可操纵的常开式电磁制动器，用于塔式起重机吊装或者工作需要时准确定位及安全使用。但在非工作状态下回转机构应允许臂架随风自由回转到顺风位置，以减小倾覆的危险。回转支承外齿轮的一侧安装有回转限位器，起到回转限位作用。

3）变幅机构。

常见的塔式起重机变幅方式有小车水平变幅和动臂变幅两种。

小车水平变幅机构是由起重小车沿起重臂架移动来改变作业半径，而起重臂架的仰角不变，基本保持水平位置，小车由变幅牵引机构驱动。这就是常见的起重小车水平变幅方式，如图 1-9 所示。

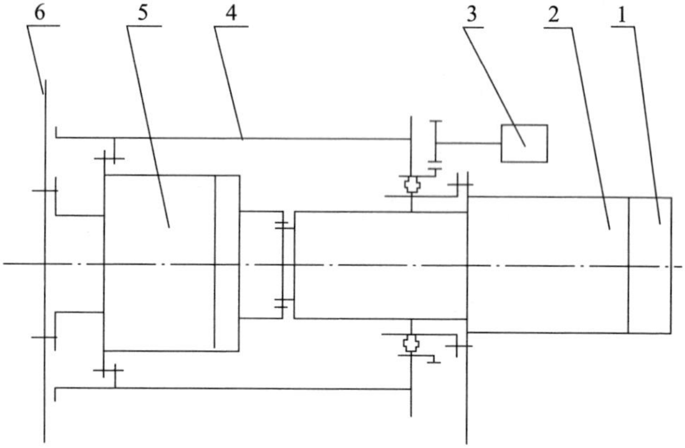

图 1-9　小车变幅机构传动系统

1—制动器；2—电动机；3—限位器；4—卷筒；5—行星减速机；6—支架

起重小车的变幅主要由安装在第一节起重臂架内的牵引机构来实现。它是由锥形电动机通过减速机带动卷筒，通过变幅钢丝绳，使悬挂于起重臂架下弦杆上的起重小车来回运动实现带载变幅的。在起重小车上装有起升滑轮组，当收放变幅钢丝绳拖动起重小车移动时，起升滑轮组也随之移动，以此方法来改变吊钩的幅度。起重小车运行到最小和最大幅度时，卷筒上两根钢丝绳的圈数均不得小于 3 圈。

4）液压顶升机构。

液压顶升机构由电动机、液压油泵、顶升油缸、手动换向阀、油箱及其他液压元件等组成。液压顶升机构如图 1-10 所示。

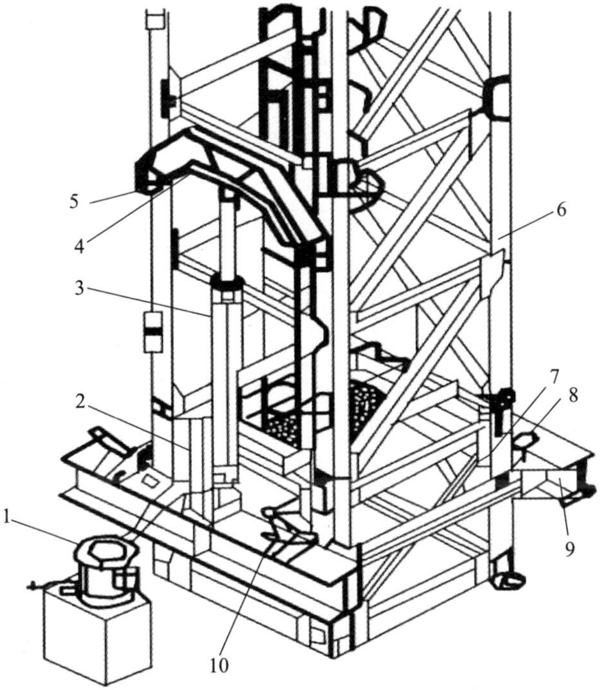

图 1-10　液压顶升机构

1—液压机组；2—液压油缸支架；3—液压油缸；4—顶升扁担梁；5—顶升爬爪；6—塔身标准节；7—塔身基础加强节；8—支承销；9—爬升框架；10—导向楔紧装置

当需要增加标准节进行顶升作业时，由吊钩吊起塔身标准节送到引进梁上，把塔身标准节与下支座连接螺栓松开，启动液压泵使顶升油缸伸出，在顶升油缸的作用下，上端推顶起重机的回转部分、外套架以及吊置于平台上待加的标准节，顶升至一个待加标准节高度之后停止，使顶升套架的爬爪支承在塔身的顶升支板上。这时操纵控制阀使活塞杆缩回，横梁提升到上一个顶升支板内再次爬升，待顶升油缸再次伸出全长后，即可引入塔身标准节。将待加标准节推至塔身中心线并与塔身连接，操纵控制阀缩回液压缸，徐徐放下塔身标准节，使回转部分、外套架等下落至新加标准节上，对接后抽出引进滚轮，用螺栓将引进的塔身与已装好的标准节连接起来并安装牢固。这样就完成了一个塔身标准节的加高工作。

5）行走机构。

行走机构的作用是驱动塔式起重机沿轨道行驶，只有移动式塔式起重机有此机构。行走机构由电动机、减速箱、制动器、行走轮和台车等组成。

6）电气系统。

塔式起重机的电气系统由电源、电气设备、导线和低压电器组成，电源经电缆由配电箱向上接至操作室开关盒内的空气开关，再到电气控制柜，由设在操作室内的万能转换开关或联动台发出主令信号，对塔式起重机各机构进行操作控制。

（1）塔式起重机的电源。

塔式起重机的电源一般采用380V、50Hz三相交流电源，TN-S系统（工作零线与保护零线分开设置的接零保护系统，俗称三相五线制）供电。供电线路的零线应与塔机的接地线严格分开。塔机电源要从专用配电箱（开关箱）中引取，以符合“一机一箱一闸一保护”的规定，并在专用配电箱处做好保护零线的重复接地，电气设备的金属外壳必须与保护零线（PE线）连接。工作零线一般用在塔式起重机的照明等交流220V的电气回路中。

在施工现场专用变压器的供电的TN-S接零保护系统中，电气设备的金属外壳必须与保护零线连接。保护零线应由工作接地线、配电室（总配电箱）电源侧零线或总漏电保护器电源侧零线处引出。TN系统中的保护零线除必须在配电室或总配电箱处做重复接地外，还应按规范要求在配电系统的中间处和末端处做重复接地。

（2）塔式起重机的电路。

① 主电路：主电路是指从供电电源通向电动机或其他大功率电气设备的电路，主电路上流过的电流从几安培到几百安培不等，此电路还包括连接电机或者大功率电气设备的开关，接触器、控制器等电器元件。

② 控制电路：控制电路中有接触器和继电器的线圈、触头、按钮、电铃、限位器以及其他小功率电器元件等。

③ 辅助电路：辅助电路包括照明电路、信号电路、电热采暖电路等。照明电路包括塔式起重机上下各种照明灯具和控制开关。辅助电路可以根据不同情况与主电路或控制电路相连。

（3）电气设备。

塔式起重机的电气设备包括电机，控制电器（接触器、继电器、制动器），保护电器（空气开关、限位开关，漏电保护器），电阻器，配电柜，连接线路等。

2. 塔式起重机的安全装置

安全装置是塔式起重机的重要装置，其作用是使塔式起重机在允许荷载和工作空间中安全运行，保证设备和人身的安全。

1）起升高度限位器。

起升高度限位器是用以防止吊钩行程超越极限，以免碰坏起重机臂架结构和出现钢丝绳乱绳现象的装置。

对动臂变幅的塔机，当吊钩装置顶部升至起重臂下端的最小距离为800mm处时，应能立即停止起升运动，对没有变幅重物平移功能动臂变幅的塔机，还应同时切断向外变幅控制回路电源，但应有下降和向内变幅运动。

对小车变幅的塔机，吊钩装置顶部升至小车架下端的最小距离为 800mm 处时，应能立即停止起升运动，但应有下降运动。

2）幅度限位器。

对动臂变幅的塔机，应设置幅度展位开关，在臂架到达相应的极限位置前开关动作，停止臂架再往极限方向变幅。

对动臂变幅的塔机，应设置臂架极限位置的限制装置。该装置应能有效防止臂架向后倾翻。

对小车变幅的塔机，应设置小车行程限位开关和终端缓冲装置。限位开关动作后应保证小车停车时其端部距缓冲装置最小距离为 200mm。

3）回转限位器。

对回转处不设集电器供电的塔机，应设置正反两个方向回转限位开关，开关动作时臂架旋转角度应不大于±540°。

4）运行（行走）限位器。

对于轨道运行的塔机，每个运行方向应设置限位装置，其中包括限位开关、缓冲器和终端止挡。应保证开关动作后塔机停车时其端部距缓冲器最小距离为 1000mm，缓冲器距终端止挡最小距离为 1000mm。

5）起重力矩限制器和起重量限制器。

起重力矩限制器：在起重力矩达到额定值的 80%，且其最大变幅速度超过 40m/min，在小车向外运行时，变幅速度应自动转换为不大于 40m/min 的速度运行，当起重力矩达到额定值的 90%时，通过力矩限制器能发生一种预警信号；当达到额定起重力矩的 110%时，应切断上升方向和向外方向变幅电源。

起重量限制器：起重量达到额定起重量的 50%时，限制起升速度最高在二挡运行；起重量达到额定起重量的 90%时，发出提示性音响警告；达到额定起重量的 110%时，切断起升电动机的电源，禁止起升，但允许下降。

6）小车断绳保护装置。

对小车变幅塔机应设置双向小车变幅断绳保护装置，用以防止牵引小车牵引绳断裂而导致小车失控。

7）小车防坠落装置。

对小车变幅塔机应设置小车防坠落装置，即使车轮失效小车也不得脱离臂架坠落，装置应在失效点下坠 10mm 前作用，用以防止因牵引小车车轮失效而导致小车脱离臂架坠落。

8）钢丝绳防脱装置。

用来防止滑轮、起升卷筒及动臂变幅卷筒等钢丝绳脱离滑轮或卷筒。

起升与变幅滑轮的入绳和出绳切点附近、起升卷筒及动臂变幅卷筒均应设有钢丝绳防脱装置，该装置表面与滑轮或卷筒侧板外缘间的间隙不应超过钢丝绳直径的 20%，装置可能与钢丝绳接触的表面不应有棱角。

9）爬升装置防脱功能。

用以防止自升式塔式起重机在正常加节、降节作业时，顶升装置从塔身支承中或油缸端头的连接结构中自行脱出。

10）抗风防滑装置（轨道止挡装置）。

用以防止行走式塔式起重机在遭遇大风时因自行滑行而造成倾翻。

11）报警装置。

用以在塔式起重机荷载达到规定值时，向塔式起重机司机自动发出声光报警信息。

12）显示记录装置。

使用以图形或字符方式向司机显示塔式起重机当前主要工作参数和额定能力参数。

显示的工作参数一般包含当前工作幅度、起重量和起重力矩；额定能力参数一般包含幅度及对应的额定起重量和额定起重力矩。

13）风速仪。

用以发出风速警报，提醒塔式起重机司机及时采取防范措施。

14）工作空间限制器。

对单台塔式起重机，用以限制塔式起重机进入某些特定的区域或进入该区域后不允许吊载；对群塔，用以限制塔式起重机的回转、变幅和运行区域，以防止塔式起重机间机构、起升绳或吊重发生相互碰撞。

二、汽车起重机

汽车起重机是装在普通汽车标准底盘或特制汽车底盘上的一种起重机，其行驶驾驶室与起重机操纵室上下分开设置。这种起重机的优点是机动性好、转移迅速，缺点是工作时须有支腿，不能带载行驶，也不适合在松软或泥泞的场地上工作。

汽车起重机的底盘性能等同于同样整车总重的载重汽车，符合公路车辆的技术要求，因而可在各类公路上通行。此种起重机一般备有上、下车两个操纵室，作业时必须伸出支腿保持稳定，起重量的变化范围很大，可从 8～1000t；底盘的车轴数，可从 2～10 根。汽车起重机由吊臂、伸缩油缸、回转机构、起升机构、驾驶室、行走底盘、支腿及水平伸缩油缸、配重等组成，如图 1-11 所示。

汽车起重机的四个支腿是保证起重机稳定性的关键，作业时要利用水平气泡将支承回转面调平，如地面松软不平或在斜坡上工作时，一定要在支腿垫盘下面垫上木板或铁板，将支腿位置调整好。

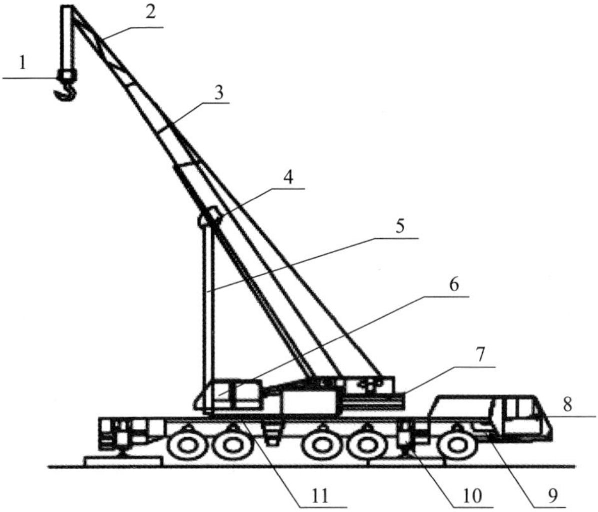

图 1-11　汽车起重机整体结构

1—主吊钩；2—桁架副臂；3—伸缩臂；4—基本臂；5—变幅油缸；6—操纵室
7—配重；8—驾驶室；9—动力装置部分取力箱；10—支腿；11—回转平台

汽车起重机的稳定性和起重量随起吊方向的不同而不同，稳定性较好的方向能起吊额定荷载，当转到稳定性差的方向起重量就会严重下降。有的汽车起重机在不同起吊方向的起重量有特殊的规定，但在一般的情况下，汽车起重机在车前作业区是不允许吊装作业的。在使用汽车起重机时，要认真按照产品说明书的规定执行。

（一）汽车起重机基本构造

1. 起重臂架

汽车起重机的箱形伸缩式臂架采用多节伸缩臂套装在一起，采用一节基本臂和设置在其内的一节或多节伸缩臂组成的箱形结构形式，由基本臂、伸缩臂和附加臂组成，通过基本臂中的伸缩臂节的伸缩来改变臂架的长度。它满足了起重机行走时臂架缩叠体积小、起重时臂架伸展幅度大的不同要求，成为现代汽车起重机首选臂架型式。

箱形伸缩式臂架铰支在回转平台上通过变幅液压油缸的活塞运动调整臂架幅度。起重作业时，在臂架平面和垂直臂架平面这两个平面上承受压、弯联合作用，且伸缩臂的自重较大。起重臂根部与回转平台铰接，靠近起重臂根部装有变幅液压缸。

2. 回转平台

回转平台是上车各机构组成部分的支承连接平台，其上安装有起升机构、变幅机构、回转机构及配重等。回转平台在起重机工作时提供臂架的铰接点和提供上车各机构运动约束，承受起升荷载、上车部分的自重及其他荷载的作用，并通过回转支承装置传递到下车底架部分，要求回转平台有足够的强度和刚度。配重设置在与臂架悬伸相反的方向上起平衡稳定作用。

3. 底盘

汽车起重机底盘是专为承受起重机工作时的荷载作用而设置的，通过固定部件固定在通用汽车底盘上，整车的行走系统全部安装在底盘车架上，是驱动装置和行走机构连接的固定框架。底盘也是支腿的安装基础。起重机工作时将作用在回转支承装置上的荷载传递到起重机的支承装置。

4. 支腿

支腿是汽车起重机底盘的支承机构，一般在车架上都装有前后左右两侧分置的可折叠或收放的四个液压支腿。支腿在起重机行驶时收回，在起重作业时伸出，并支承在坚实的地面或基础上，将充气轮胎架空，构成刚性支撑，为起重作业提供较大的跨度（支承面积），增大起重机的支撑基底，从而保证在不降低汽车起重机机动性的前提下，增加工作时的稳定性，从而提高其起重能力。

常见的支腿类型有以下几种基本形式：H 形、X 形、辐射式和蛙式支腿等。蛙式支腿结构简单跨距小，只适合在中小吨位起重机上使用。H 形支腿在汽车起重机的底盘前后各设置两条支腿，由型钢焊成两个一组并与支腿横梁连接在一起，横梁装在底盘车架主梁下支腿箱的空腹梁中，形如“H”而得名。每个支腿有两个液压缸，即水平外伸液压缸和垂直升降支承液压缸。

（二）汽车起重机工作原理

汽车起重机的工作机构有起升机构、回转机构、变幅机构、运行机构、臂架的伸缩机构和支腿收放机构共六大部分组成。工作机构均采用液压传动，液压系统采用液压泵、定量或变量马达等实现起重机的起升、回转、变幅、臂架伸缩及支腿收放等，并可单独或组合动作，以实现起重机的重物吊运任务。

1. 起升机构

起升机构由定量液压马达、减速器、离合器、制动器及主、副卷筒等组成。主、副卷筒轴前后并列安置，由一个低速大转矩定量液压马达及闭式圆柱齿轮减速器驱动卷扬机，液压马达的正、反转由手动控制阀组中的三位四通手动换向阀控制。起重机起升速度的调节，是通过改变汽车发动机的转速，从而改变液压泵的输出流量和液压马达的输入流量来实现的。

2. 回转机构

回转机构使起重机的上车部分绕起重机的回转中心做回转运动，由液压泵、定量液压马达、行星减速机、制动器、回转滚动轴承式支承、输出小齿轮及回转平台等组成，如图 1-12 所示。

回转机构分为回转驱动装置和回转支撑装置。

回转机构由一个小转矩高速液压马达驱动，并通过行星减速机减速，涡轮轴下装有开式齿轮和固定在底盘上的滚动支承齿圈相啮合来驱动回转平台。当液压马达轴旋转时，开式小齿

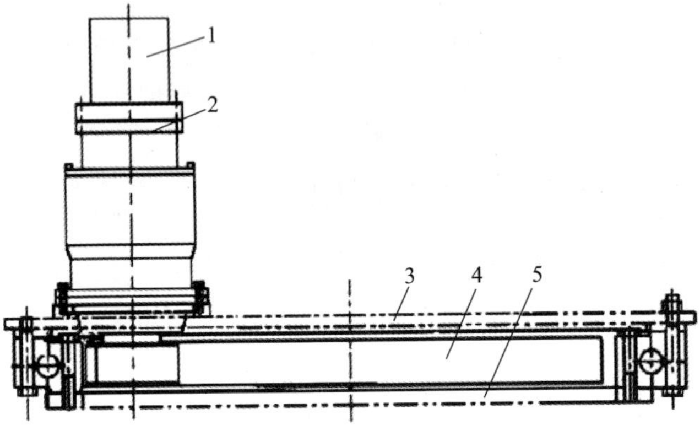

图 1-12　回转机构

1—液压马达；2—减速机；3—转盘；4—回转支承装置；5—底盘

轮沿齿圈滚动，并将减速器连同回转平台一起绕回转中心做圆周运动。

回转支撑装置通常采用滚动轴承式。按滚动体的形状，回转支撑装置可分为滚珠式和滚柱式两种。

3. 变幅机构

汽车起重机的变幅可分为刚性变幅（油缸变幅）和挠性变幅（钢丝绳滑轮组）。

1）刚性变幅机构是利用油缸实现变幅的。

油缸两端分别与转台和起重臂架铰接，油缸伸缩时带动起重臂架起落，实现变幅。刚性变幅有单缸变幅和双缸变幅之分，小型起重机用单缸变幅，中、大型起重机常用双缸变幅。

2）挠性变幅机构适用于桁架臂起重机。

挠性变幅机构是利用钢丝绳和卷扬机构进行变幅的机构，由卷扬机、人字架、变幅滑轮组、变幅绳、拉臂绳和防起重臂架后倾装置组成。当卷扬机工作时，收放变幅钢丝绳，改变变幅动、静滑轮组之间的距离，从而实现起重臂架变幅。

4. 臂架伸缩机构

臂架伸缩机构由液压缸、滑轮、钢丝绳及滑块等组成。臂架伸缩机构采用箱形伸缩式起重臂架，是汽车起重机所特有的机构。其作用是改变起重臂架长度，以获得需要的幅度和起升高度满足吊装作业的要求，并承受由起升荷载和伸缩臂架重力所引起的荷载。

臂架由基本臂和伸缩臂组成，伸缩臂、液压缸等套装在基本臂内，由起重臂液压缸驱动进行伸缩运动。液压缸进入或排出压力油时，伸缩臂可以在基本臂内伸出或缩回。

5. 支腿收放机构

由于汽车轮胎支承能力为弹性变形体，因此起重机必须设置支腿机构。在起重作业前放下前、后支腿，用支腿承重，使汽车轮胎架空，使起重机与支承面形成刚性支撑，增大起重机基底面积，调整作业场地坡度，以提高起重机的抗倾覆稳定性及提高起重工作能力。

支腿机构一般由支腿构件、支腿油缸、液压锁、稳定器等组成。稳定器的作用是保证起重机外伸支腿作业时使车轮脱离地面，以提高作业的稳定性。后桥使用弹性悬挂的起重机必须设置稳定器，常见的形式有挂钩式和钢丝绳悬挂式，它是利用挂钩或钢丝绳将后桥提起，使轮胎离开地面。

支腿机构在作业时承受整机的自重和物重，在行驶时将支腿收起，还可以根据地面情况对各支腿进行单独调节，要求结构坚固，伸缩方便、可靠。设置支腿可以大大提高起重机的起重能力。

三、履带起重机

履带起重机是将起重作业部分装在履带底盘上，依靠履带装置行走的流动式起重机，如图 1-13 所示。它常采用内燃机——液压驱动方式，这种驱动方式将柴油发动机机械能转化为液压能，传递给各个机构，使其实现液压能的能量传动，促使各机构完成预定工作过程。

履带起重机具有起重能力强，接地比压小，转弯半径小，爬坡能力大，不需要支腿，带载行驶，作业稳定性好，结构紧凑，机动性、流动性较好以及桁架组合高度可自由更换等优点。

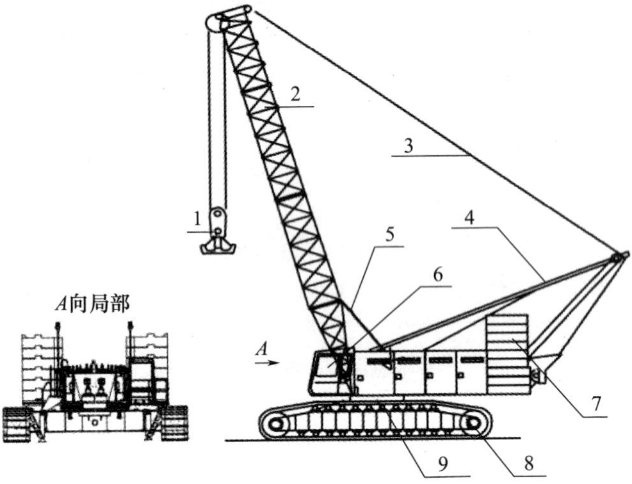

图 1-13　履带起重机

1—吊钩及滑轮组；2—桁架式臂架；3—起升钢丝绳；4—人字架；5—臂架防后倾装置；6—驾驶操纵室；7—配重块；8—下部行走装置部分；9—回转支承装置

（一）履带起重机基本构造

履带起重机由动力装置、工作机构以及动臂、转台、底盘等组成。

1. 动臂

动臂为多节组装桁架结构，调整节数后可改变长度，其下端铰装于转台前部，顶端用变幅钢丝绳滑轮组悬挂支承，可改变其倾角，也有在动臂顶端加装副臂，副臂与动臂成一定角度。

2. 转台

转台通过回转支承装在底盘上，可将转台上的全部重力传递给底盘，其上部装有动力装置、传动系统、卷扬机、操纵机构、平衡配重和操作室等。动力装置通过回转机构可使转台做360°回转。回转支承由上、下滚盘和其间的滚动件（滚珠、滚柱）组成，可将转台上的全部重力传递给底盘，并保证转台的自由转动。

3. 底盘

底盘包括行走机构和动力装置。行走机构由履带架、驱动轮、导向轮、支重轮、托链轮和履带轮等组成。动力装置通过垂直轴、水平轴和链条传动使驱动轮旋转，从而带动导向轮和支重轮，实现整机沿履带行走。

（二）履带起重机工作原理

工作机构主要包括起升机构、变幅机构、回转机构等。

1. 起升机构

起升机构由主、副两套卷扬系统组成。主卷扬系统用于动臂吊重，副卷扬系统用于副臂吊重，主卷筒和副卷筒分别装在一根轴的两端。起升机构由轴向内藏式柱塞液压马达、平衡阀、减速机、常闭式制动器、卷筒、钢丝绳等组成。其工作原理是：由液压马达通过装在卷筒轴中间的正齿轮减速（一级减速）后，再通过内胀带式离合器将动力传给主卷筒或副卷筒驱动起升卷筒，卷筒卷绕钢丝绳从而带动载重物升降。负载的卷上和卷下是由操纵相应的卷筒离合器及卷扬马达正、反转来进行控制的。

2. 变幅机构

变幅机构由轴向内藏式柱塞液压马达、平衡阀、减速机、常闭式制动器、卷筒、滑轮组、钢丝绳等组成。其工作原理是：液压马达通过行星齿轮和正齿轮传动而减速后直接驱动变幅卷筒，通过固定在人字支架上的复式滑轮组和一端固定在滑轮组上而另一端固定在起重臂顶端滑轮轴上的拉臂绳使起重臂架升降来达到变幅。变幅机构还有带棘轮自锁保护机构，防止长时间停车变幅卷筒滑钩。

3. 回转机构

回转机构由轴向内藏式柱塞液压马达、齿轮减速机、回转制动阀、制动器、小齿轮及回转支承等组成。其工作原理是：回转液压马达通过行星齿轮减速后驱动回转主动小齿轮，小齿轮装在输出轴上带动内啮合回转支承，从而实现上车机身360°全回转运动。

4. 其他

行走机构由斜轴式轴向柱塞马达、制动阀、先导阀、换向阀、减速机等组成。其工作原理是：采用双马达通过双减速机形式减速后直接带动驱动轮，减速机与履带架为一体结构，通过两套操纵杆分别控制左、右行走马达的回转方向，即可实现履带的直线行走、单边转向、差速转向、原地转向、带载行驶等动作。当行走操纵杆扳到空挡时，制动阀切断了马达油路，履带即停止转动。

通过操纵驾驶室中的开关来控制来自蓄能器的压力油，从而实现对装在马达和减速机之间的圆盘制动器的制动。

履带伸缩及操纵机构由支腿、水平油缸、履带、拉板、插销等组成，通过车架的外伸支腿与车架连接，伸缩动作由油缸驱动。

电气系统可分为主电路、控制电路、监测电路、制动控制电路、力矩限制电路和自动停止电路等部分。

第二章　物体的重力、重心和稳定性

第一节　物体重力的计算

建筑起重司索信号工必须熟悉物体重力的计算，起重作业在起吊、搬运各种设备或重物时，首先应该知道被起吊、搬运的设备或重物的重力，根据设备或重物的重力和外形等情况选择合适的起重机械以及合理的施工方法。这样就需要进行有关数学和力学的计算，有关面积、体积、重力、单位换算、材料密度等的基本概念和简单的计算方法，这是每个起重司索信号工都应该掌握的基本知识。

物体的重力是物体处于地球表面，地球引力对物体的作用力的合力，通常用 G 表示，单位为千牛（kN）。物体的质量是物体所含物质的多少，是物体的基本属性，不随物体的形状、状态、空间位置和温度的改变而改变，通常用 m 表示，单位为千克（kg）。在地球引力作用下，重力和质量是近似等值的，一般在工程中按等值对待。而物体的质量与物体的体积和密度有关，重力与物体的体积和容量有关。为了正确地计算物体的重力，必须掌握体积的计算方法和各种材料的密度等有关知识。

一、物体体积的计算

（一）长度单位

工程上常用的长度基本单位是毫米（mm）、厘米（cm）和米（m）。它们之间的换算关系是 1m＝100cm＝1000mm。

（二）面积的计算

在施工中为了合理地选择施工场地或确定板材的重力，需要对物体的面积进行计算，经常遇到的有下列几种图形或它们的组合体，各种规则几何图形的面积计算公式见表 2-1。

但在实际工作中，所碰到的设备或物体不一定是上述几种规则的形状，往往遇到一些不规则的几何图形。在遇到这种不规则形状的物体时，我们可以先把它们分割成几种规则的图形，将分割成的规则图形分别计算出结果，然后把各个图形的面积相加，得到总面积。如图 2-1 所示，是一个物体的外形情况，虽然它的外形看上去不规则，但实际上它是由 3 个形状规则的图形所组成的，1 为半圆形，2 为长方形，3 为三角形。因此在计算面积的时候，只要分别将这 3 个图形的面积算出来后相加即可。

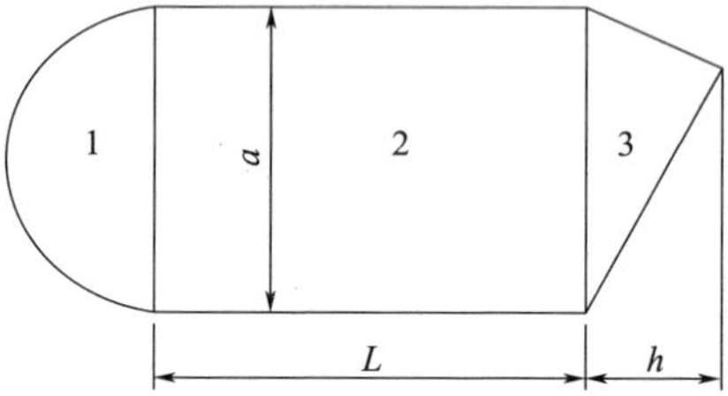

图 2-1　异型件面积的计算

（三）物体体积的计算

在起重作业中，物体质量的计算是很重要的，只有准确地把握物体的质量，才能正确地选择施工方法和施工机具。而要确定物体的质量首先要确定物体的体积。

物体的体积可分为两类，即由标准几何形体组成的和由若干不规则几何形体组成的复杂形体两种。常用几种形状物体的体积计算公式见表 2-2。对于复杂物体的体积，可将其分解成数个规则的或近似的几何体积，求其体积总和。

表 2-1　平面几何图形面积的计算公式

名称	图形	面积计算公式	名称	图形	面积计算公式
正方形	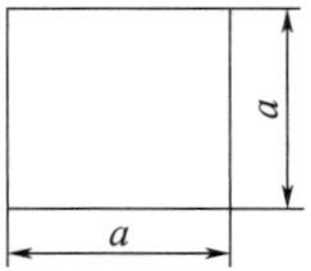	$S=a^2$	梯形	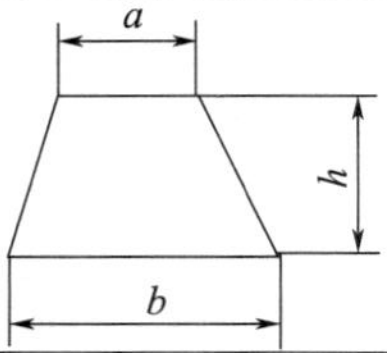	$S=\frac{(a+b)\ h}{2}$
长方形	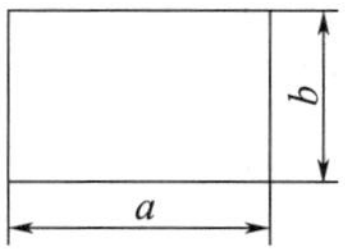	$S=ab$	圆形	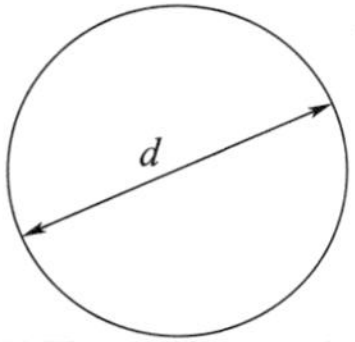	$S=\frac{\pi}{4}d^2$（或 $S=\pi R^2$） d——圆直径（m）； R——圆半径（m）
平行四边形	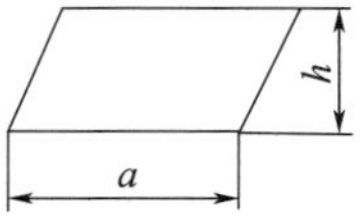	$S=ah$	圆环形	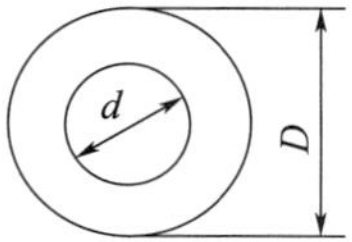	$S=\frac{\pi}{4}(D^2-d^2)$ $=\pi(R^2-r^2)$ d、D——分别为内、外圆环直径（m）； r、R——分别为内、外圆环半径（m）
三角形	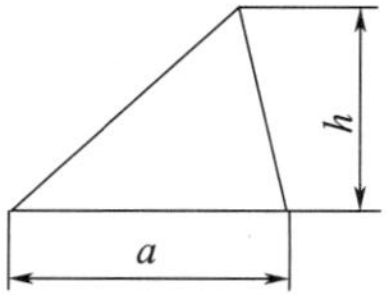	$S=\frac{1}{2}ah$	扇形	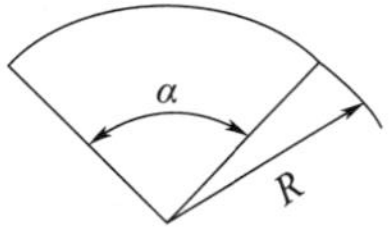	$S=\frac{\pi R^2 a}{360}$ α——圆心角（°）；

表 2-2　常用几种形状物体的体积计算公式

名称	图形	体积计算公式	名称	图形	体积计算公式
立方体	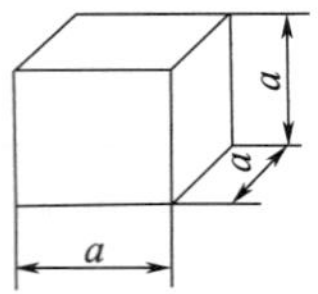	$V=a^3$	球体	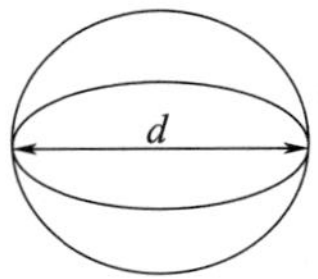	$V=\frac{4}{3}\pi R^3=\frac{1}{6}\pi d^3$ R——底圆半径（m）； d——底圆直径（m）
长方体	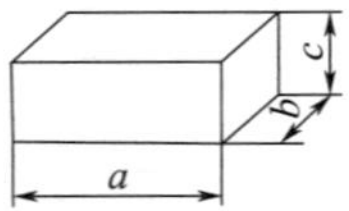	$V=abc$	圆锥体	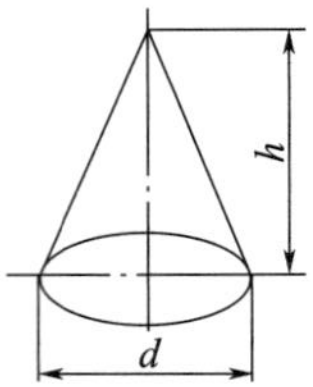	$V=\frac{1}{12}\pi d^2h=\frac{\pi}{3}R^2h$ R——底圆半径（m）； d——底圆直径（m）
圆柱体	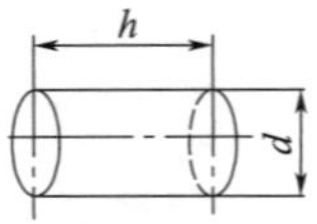	$V=\frac{\pi}{4}d^2h$ $=\pi R^2h$ R——半径（m）	任意三棱体	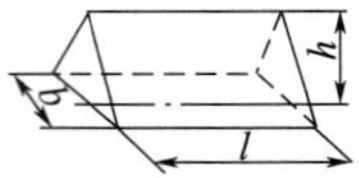	$V=\frac{1}{2}bhl$ b——边长（m）； h——高（m）； l——三棱体长（m）

续表

名称	图形	体积计算公式	名称	图形	体积计算公式
空心圆柱体	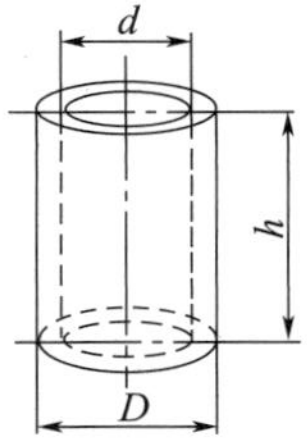	$V=\frac{\pi}{4}(D^2-d^2)h$ $=\pi(R^2-r^2)h$ r、R——内、外半径（m）	截头方锥体	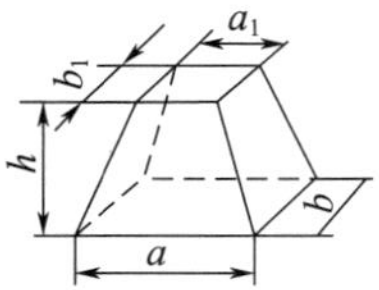	$V=\frac{h}{6}\times[(2a+a_1)b+(2a_1+a)b_1]$ a、a_1——上下边长（m）； b、b_1——上下边宽（m）； h——高（m）
斜截正圆柱体	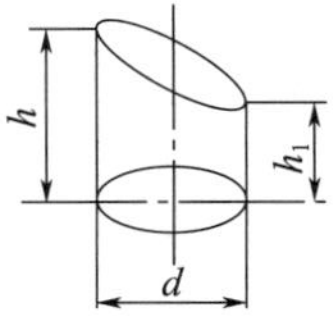	$V=\frac{\pi}{4}d^2=\frac{(h_1+h)}{2}$ $=\pi R^2\frac{(h_1+h)}{2}$ R——半径（m）	正六角棱柱体	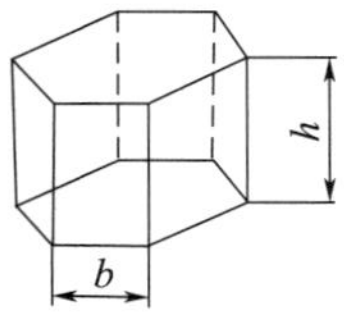	$V=\frac{3\sqrt{3}}{2}b^2h$ $V=2.598b^2h\approx 2.6b^2h$（m）； b——底边长（m）

二、物体重力的计算

计算物体质量时，离不开物体材料的密度。所谓密度是指由一种物质组成的物体的单位体积内所具有的质量，叫作密度（用 ρ 表示）。密度的单位是千克/立方米（kg/m^3），各种常用材料的密度见表 2-3。

表 2-3　常用材料的密度

材料名称	密度（$\times10^3kg/m^3$）	材料名称	密度（$\times10^3kg/m^3$）
混凝土	2.4	水	1.0
碎石	1.6	钢	7.85
水泥	0.9～1.6	铸铁	7.2～7.5
砖	1.4～2.0	铸铜、镍	8.6～8.9
煤	0.6～0.8	铝	2.7
焦炭	0.35～0.53	铅	11.34
石灰石	1.2～1.5	铁矿	1.2～1.5
造型砂	0.8～1.3	木料	0.5～0.7

物体的质量可根据下式计算：

物体的质量＝物体的密度×物体的体积，其表达式是：

$$M=\rho V$$

式中　m——物体的质量（kg）；

ρ——物体的材料密度（$10^3kg/m^3$）；

V——物体的体积（m^3）。

三、物体重力（力）的计算

物体所受的重力是由于地球的吸引而产生的力。重力的方向总是竖直向下，大小与质量有关，用下式计算：

$$G=mg$$

式中　g——质量为 1kg 的物体所受到的重力，大小为 10N。

【例 2-1】 起重机的料斗如图 2-2 所示，它的上口长为 1.2m，宽为 1m，下底面长 0.8m，宽为 0.5m，高为 1.5m，试计算满斗混凝土重力。

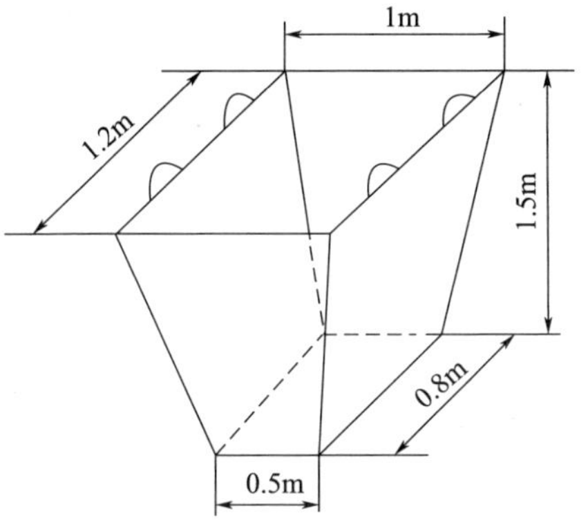

图 2-2　起重机的料斗

【解】 查表 2-3 得知，混凝土的密度：

$$\rho=2.4\times10^3\ (\text{kg/m}^3)$$

料斗的体积：

$$V=h/6\ [\ (2a+a_1)\ b+\ (2a_1+a)\ b_1]$$
$$=1.5/6\ [\ (2\times1.2+0.8)\ \times1+\ (2\times0.8+1.2)\ \times0.5]$$
$$=1.15\ (\text{m}^3)$$

混凝土的质量：

$$m=\rho V=2.4\times10^3\times1.15=2.76\times10^3\ (\text{kg})$$

混凝土的重力：

$$G=mg=2.76\times10^3\times10=27.6\ (\text{kN})$$

四、物体质量估算法

起重作业中的物体，在没有详细资料的情况下，一般采用估算的方法来计算它的质量。估算质量，从施工安全的角度来考虑，一般都要估得比实际质量略重一些。下面是几个基本形状物体的质量估算法。

（一）钢板质量的估算

$$m=7.8\times L\times W\times b$$

式中 m——钢板质量；

L——钢板长度；

W——钢板宽度；

b——钢板厚度。

质量单位为千克（kg），长度、宽度单位为米（m），厚度单位为毫米（mm）。

（二）钢管质量估算

$$m=2.46\times\delta\times(D-\delta)\times L$$

式中 m——钢管质量；

δ——钢管壁厚；

D——钢管外径；

L——钢管长度。

质量单位为千克（kg），壁厚、外径单位为厘米（cm），长度单位为米（m）。

（三）圆钢质量估算

$$m=0.6123\times D^2\times L$$

式中 m——圆钢质量；

D——直径；

L——长度。

质量单位为千克（kg）直径单位为厘米（cm），长度单位为米（m）。

（四）等边角钢质量估算

$$m=1.5\times B\times b\times L$$

式中 m——等边角钢质量；

B——角钢边长；

b——角钢厚度；

L——长度。

质量单位为千克（kg），角钢边长、角钢厚度单位为厘米（cm），长度单位为米（m）。

第二节　物体的重心

一、重心基本知识

重心是物体所受重力的合力的作用点，物体的重心位置是由物体的几何形状和物体各部分的质量分布情况决定的。质量分布均匀、形状规则的物体的重心在其几何中点。物体的重心可能在物体的形体之内，也可能在物体的形体之外。

物体的形状改变，其重心位置可能不变。如一个质量分布均匀的立方体，其重心位于几何中心。当该立方体变为一长方体后，其重心仍然在其几何中心。物体的形状改变，其重心位置也可能改变。

物体的重心相对物体的位置是一定的，它不会随物体放置的位置改变而改变。

对起重司索信号工来说，确定吊物的重心十分重要，因为它与吊点和吊物的稳定性有着密切的关系。在起重作业时，物体的吊装、翻身、钢丝绳受力的分配、吊点的选择等都要考虑物体的重心。错误地选择重心位置会造成钢丝绳受力不均，甚至使设备在吊装过程中有发生倾覆的危险。

二、重心的确定

材质均匀、形状规则的物体的重心位置容易确定，如均匀直棒的重心在它的中心点上，均匀球体的重心就是它的球心，直圆柱的重心在它的圆柱轴线的中点上。

对形状复杂的物体，可以用悬挂法求出它们的重心。如图 2-3所示，方法是在物体上任意找一点 A，用绳子把它悬挂起来，物体的重力和悬索的拉力必定在同一条直线上，也就是重心必定在通过 A 点所作的竖直线 AD 上，再取任一点 B，同样把物体悬挂起来，重心必定在通过 B 点的竖直线 BE 上。这两条直线的交点，就是该物体的重心。

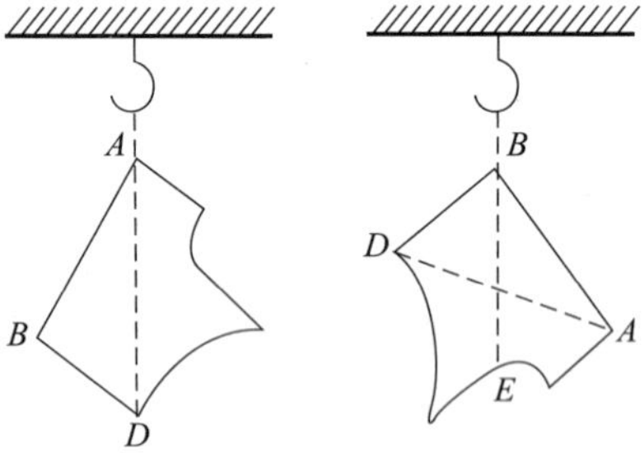

图 2-3　悬挂法求形状不规则物体的重心

第三节　物体的稳定性基本知识

一、物体的几种运动状态

一般物体的运动有四种基本状态，即稳定状态、稳定平衡状态、不稳定状态和倾覆状态，如图 2-4 所示。

稳定状态：重力 G 与支反力 R，大小相等，方向相反，作用线相同，通过物体支承的中点，如图 2-4（a）所示。

稳定平衡状态：在外力 F 作用下，物体位置发生变化，支反力 R 发生位移，F 力产生的倾翻力矩与重力 G 产生的抗倾翻力矩相平衡，如图 2-4（b）所示。

不稳定状态：此时重力作用线和支反力作用线通过支承面

最边缘点，且大小相等，方向相反（这是理论上的平衡状态）。实际上，这种状态不可能长时间存在，只要略有振动，物体就会向左或向右倾倒，又称为临界状态，如图 2-4（c）所示。

倾覆状态：如果物体继续向右倾斜，此时物体重力 G 的作用线已超出物体的支撑面，将产生一个由小到大的倾翻力矩 M，物体失去平衡，处于倾覆状态，2-4（d）所示。

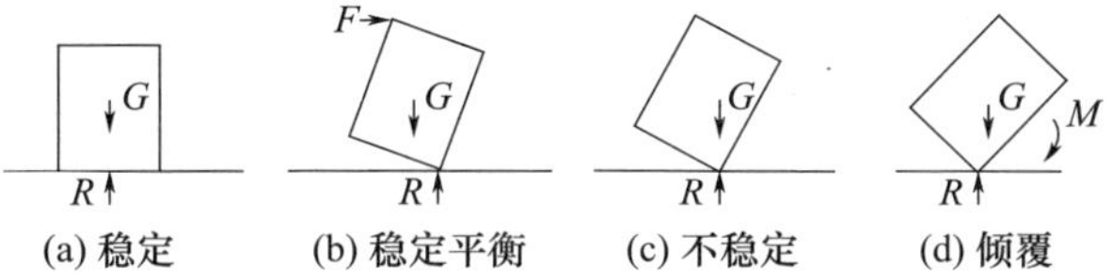

图 2-4　物体运动四种状态

二、物体的稳定条件

将一块砖以立、侧、平三种方式置于地面上。平放的砖位置最稳，因为砖平放时重心位置最低而支撑面最大；侧放的次之；立放的最不稳定，因为立放时重心位置最高而支承面最小。由此可见，物体处于稳定的基本条件是重心位置低，支承面大。

由此可知，物体的重心越低，支撑面越大，物体所处状态越稳定；物体重心位置越高，支撑面越小，物体所处状态越不稳定。

对于建筑起重司索工作业来说，保证物体的稳定条件可以从两个方面考虑：一是放置物体时应保证有可靠的稳定性，不倾倒，如图 2-5（a）所示；二是吊运过程中，亦应有可靠的稳定性，保证正常吊运中不倾斜或翻转，如图 2-5（b）所示。

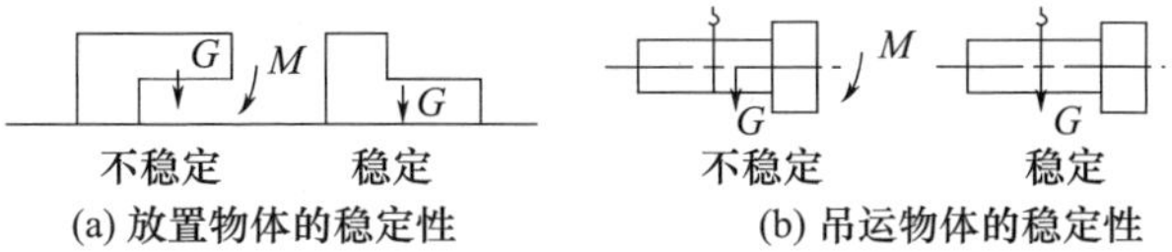

图 2-5　物体的稳定性

放置物体时，物体的重心作用线接近或超过物体支撑面边缘时（倾翻临界线），物体是不稳定的；吊运物体时，为保证吊运过程中物体的稳定性，防止提升过程中发生倾斜、摆动或翻转，应使吊钩与被吊物重心在同一条垂线上。

例如：流动式起重机工作时应有足够的稳定性。起重机的稳定性简单地说就是起重机的自重荷载 G' 对倾覆边 R 的稳定力矩（G'_a）要大于起吊荷载 G 对倾覆边 R 的倾覆力矩（G_b），此条件可保证起重机不发生倾翻事故。图 2-6 为起重机稳定性简化示意图。

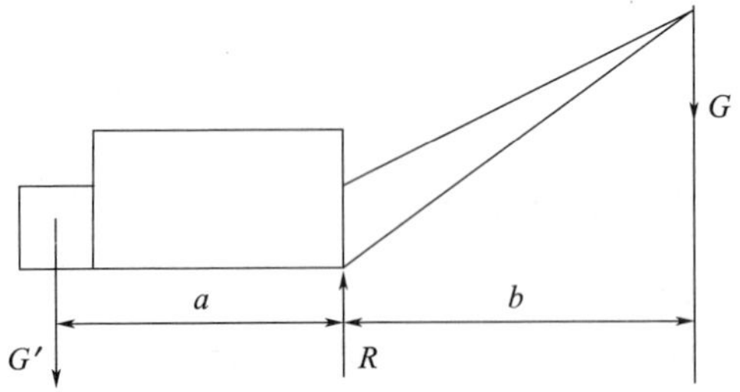

图 2-6　起重机稳定性简化示意图

第三章　起重吊装作业

第一节　吊点的选择

一、物体吊点选择

在吊运各种物体时，为避免物体的倾斜、翻倒、变形损坏，应根据物体的形状特点、重心位置，正确选择起吊点，使物体在吊运过程中有足够的稳定性，以免发生事故。

（一）吊点选择的基本要求

（1）吊点的选择必须保证被吊物体不变形、不损坏，起吊后不转动、不倾斜、不翻倒。

（2）吊点的选择应根据被吊重物的结构、形状、体积、重力、重心等特点以及吊装的要求，结合现场作业条件，确定合理可行、安全、经济、省力的吊装方案。

（3）吊点的选择必须根据被吊物体运动到最终状态时重心的位置来确定。

（4）吊点的多少必须根据被吊物体的强度、刚度和稳定性及吊索的允许拉力来确定。

（5）吊点的选择必须保证吊索受力均匀，各承载吊索间的夹角一般不大于60°，其合力的作用点必须与被吊物体的重心在同一条垂线上，保证吊运过程中吊钩与吊物的重心在同一条铅垂线上。

（6）对于原设计有起吊耳环、起吊孔的物体，吊点应使用原设计的耳环、吊孔。

（7）对于有吊点标记的物体，应使用物体出厂时标记的吊点吊运，不得任意改动。

（8）在说明书中提供吊装图的物体，应按吊装图找出吊点吊运。

（二）吊点位置的选择

吊点位置的选择，一般按下列原则进行。

1. 试吊法选择吊点

在一般吊装工作中，多数起重作业并不需用计算法来准确计算物体的重心位置，而是估计物体重心位置，采用低位试吊的方法来逐步找到重心，确定吊点的绑扎位置。

2. 有起吊耳环物件吊点的选择

对于有起吊耳环的物件，其耳环的位置及耳环强度是经过计算确定的，因此在吊装过程中，应使用耳环作为连接物体的吊点。在吊装前应检查耳环是否完好，必要时可加保护性辅助吊索。

3. 细长物体吊点的选择

吊装细长物体时，如桩、钢筋、钢柱、钢梁杆件，应按计算确定的吊点位置绑扎绳索，吊点位置的确定有以下几种情况。

1）一个吊点。

起吊点位置应设在距起吊端 $0.3L$（L 为物体的长度）处。如钢管长度为 10m，则捆绑位置应设在钢管起吊端距端部 $10\times0.3=3$（m）处，如图 3-1（a）所示。

2）两个吊点。

如起吊用两个吊点，则两个吊点应分别距物体两端 $0.21L$ 处。如果物体长度为 10m，则吊点位置为 $10\times0.21=2.1$（m），如图 3-1（b）所示。

3）三个吊点。

如物体较长，为减少起吊时物体所产生的应力，可采用三个吊点。三个吊点位置确定的方法是，首先用 $0.13L$ 确定出两端的两个吊点位置，然后把两吊点间的距离等分，即得第三个吊点的位置，也就是中间吊点的位置。如杆件长 10m，则两端吊点位置为 10×0.13=1.3（m），如图 3-1（c）所示。

4）四个吊点。

选择四个吊点，首先用 0.095L 确定出两端的两个吊点位置，然后再把两吊点间的距离进行三等分，即得中间两吊点位置。如杆件长 10m，则两端吊点位置分别距两端 10×0.095=0.95m，中间两吊点位置分别距两端 10×0.095+10×（1−0.095×2）/3=3.65（m），如图 3-1（d）所示。

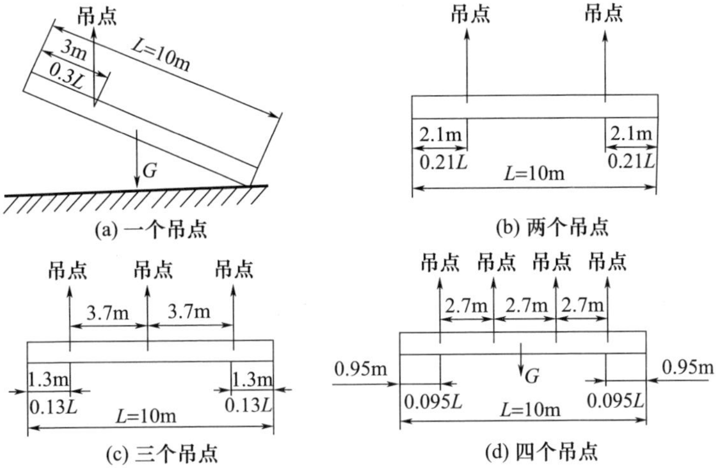

图 3-1　吊点位置选择示意图

4. 方形物体吊点的选择

吊装方形物体一般采用四个吊点，四个吊点位置应选择在四边对称的位置上。

5. 设备安装平衡辅助吊点

在设备安装精度要求较高时，为了保证安全顺利地装配，可采用辅助吊点配合简易吊具调节设备所需位置的吊装法。通常多采用倒链手拉葫芦来调节机体的位置，如图 3-2 所示。

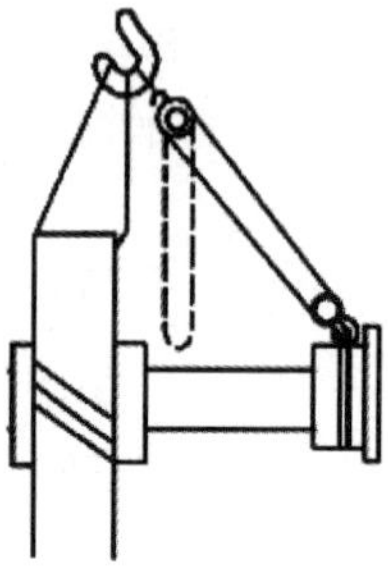

图 3-2　调节吊装法

6. 物体翻转吊运的选择

物体翻转常见的方法有兜翻，即将吊点选择在物体重心之下，如图 3-3（a）所示；也可将吊点选择在物体重心一侧，如图 3-3（b）所示。

物体兜翻时应根据需要加护绳，护绳的长度应略长于物体不稳定状态时的长度，同时应指挥吊车，使吊钩顺翻倒方向移动，避免物体倾倒后的碰撞冲击。

对于大型物体翻转，一般采用绑扎后利用几组滑车或主、副钩或两台起重机在空中完成翻转作业。翻转绑扎时，应根据物体的重心位置、形状特点等选择吊点，使物体在空中能顺利安全翻转。

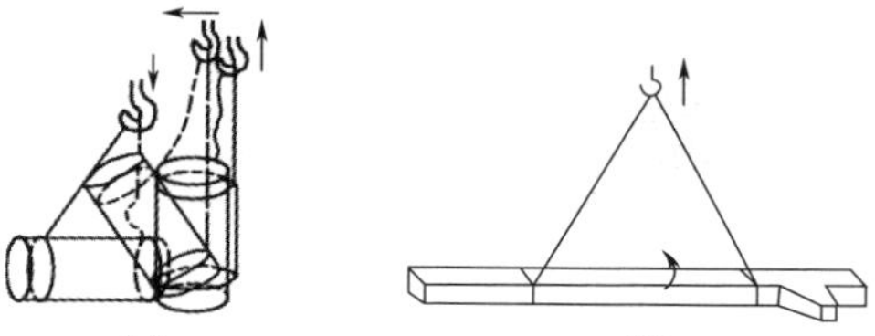

图 3-3　物体兜翻

例如，用主、副钩对大型封头的空中翻转，在略高于封头重心相隔 180°位置选两个吊装点 A 和 B，在略低于封头重心与 A、B 中线垂直位置选一吊点 C。主钩吊 A、B 两点，副钩吊 C 点，起升主钩使封头处在翻转作业空间内，如图 3-4（a）所示。副钩上升，用改变其重心的方法使封头开始翻转，直至封头重心越过 A、B 点，如图 3-4（b）所示。翻转完成 135°时，副钩再下降，使封头水平完成 180°空中翻转作业，如图 3-4（c）所示。

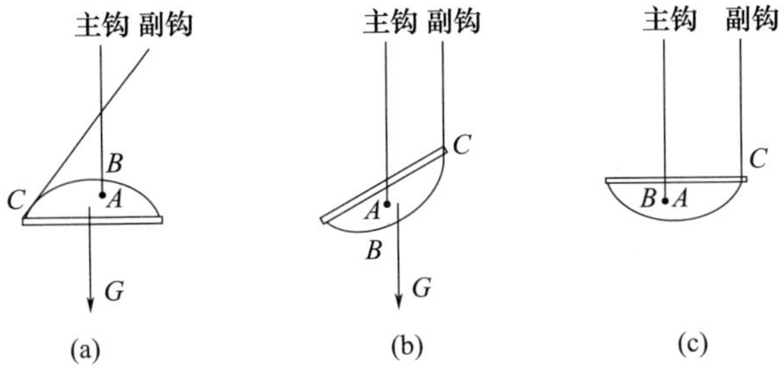

图 3-4　封头翻转 180°

物体翻转或吊运时，每个吊环、节点承受的力应满足物体的总重力。对大直径薄壁型物体和大型桁架构件吊装，应特别注意所选择吊点是否满足被吊物体整体刚度或构件结构的局部强度、刚度要求，避免起吊后发生整体变形或局部变形而造成的构件损坏，必要时应采用临时加固辅助吊具法。

（三）吊装物体的绑扎方法

为了保证物体在吊装过程中保持稳妥，吊装之前应根据物体的质量、外形特点、精密程度、安装要求、吊装方案合理选择绑扎方法及吊具索具。绑扎的方法很多，应选择已规范化的绑扎方法。

1. 平行吊装绑扎法

平行吊装绑扎法一般有两种：一种是用一个吊点，仅用于短小、质量小的物品，在绑扎前应找准物件的重心，使被吊装的物件处于水平状态。这种方法简便实用，常采用单支吊索穿套结索法吊装作业。根据所吊物件的整体和松散性，选用单圈或双圈穿套结索法，如图 3-5 所示。

另一种方法是用两个吊点，这种吊装方法是绑扎在物件的两端，常采用双支单圈和双圈穿套结索法及吊篮式结索法，如图 3-6 所示。

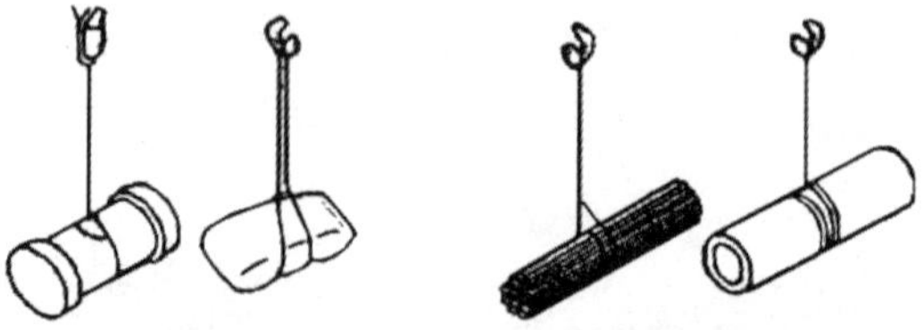

(a) 单圈结索法　　(b) 双圈结索法

图 3-5　单圈和双圈穿套结索法

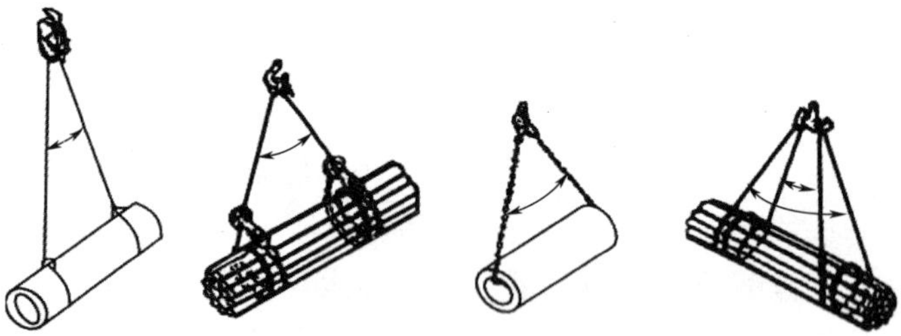

(a) 双支单圈和双圈穿套结索法　　(b) 吊篮式结索法

图 3-6　双支单圈和双圈穿套及吊篮结索法

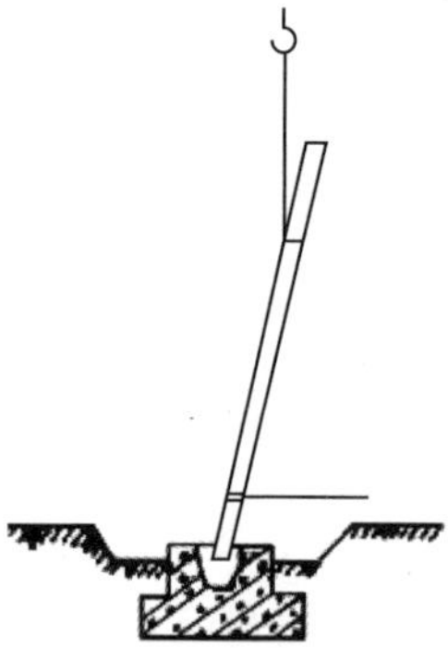

图 3-7　垂直吊装绑扎法

2. 垂直斜形吊装绑扎法

垂直斜形吊装绑扎法多用于物件外形尺寸较长、对物件安装有特殊要求的场合。其绑扎点多为一点绑扎(也可两点绑扎)。绑扎位置在物体端部，绑扎时应根据物件质量选择吊索和卸扣，并采用双圈或双圈以上穿套结索法，防止物件吊起后发生滑脱，如图 3-7 所示。

3. 长方形物体的绑扎方法

长方形物体的绑扎方法较多，应根据作业的类型、环境、设备的重心位置来确定，通常采用平行吊装两点绑扎法。如果物件重心居中可不用绑扎，采用兜挂法直接吊装，如吊装物体表面光滑时吊索应采取防滑措施，如图 3-8 所示。

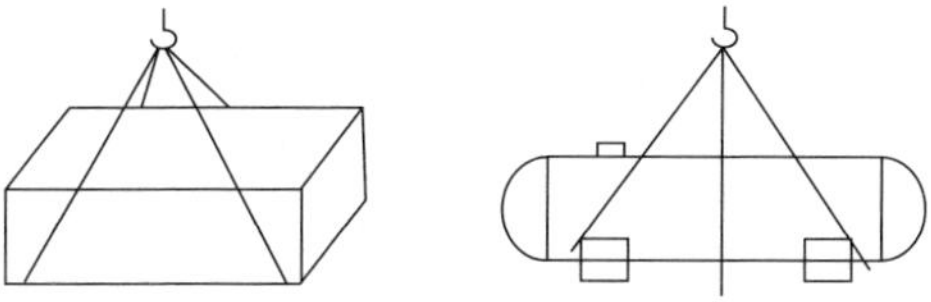

(a)　　(b)

图 3-8　兜挂法

第二节　起重吊装作业基本知识

一、设备、机件的吊装

设备或机件的形状是多种多样的，对于不同形状的设备和机件应采取不同的吊装方法，才能保证吊装质量。设备或机件的吊装方法很多，下面介绍几种常用的吊装方法。

（一）弯曲形构件的吊装

在设备、管道等弯曲形状物件的吊装中，有时要求物件做垂直或水平吊装。图 3-9（a）所示为一管道构件做垂直吊装；图 3-9（b）所示为一管道构件做水平吊装。无论是哪一种吊装，均可以用调节绳扣的位置满足吊装要求。

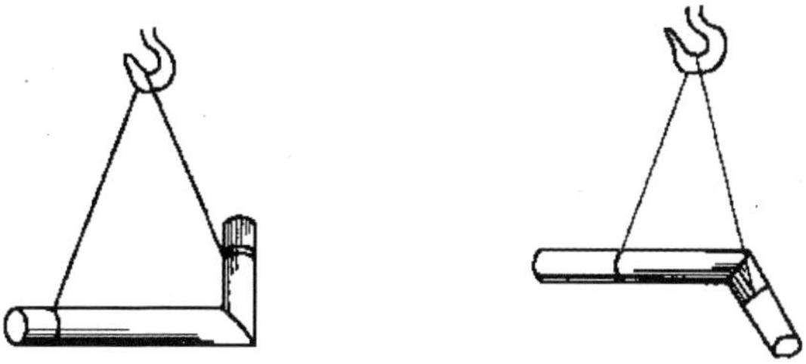

(a) 弯管的垂直吊装　　(b) 弯管的水平吊装

图 3-9　弯曲型构件吊装法

（二）轴类零件的吊装

在机械设备的维修或安装过程中，一般采用等长或不等长的绳扣做水平吊装。图 3-10（a）所示为由两根等长的绳扣吊装一根碾轴；图 3-10（b）所示为用两根不等长绳扣吊装一根碾轴。前者用起来简单方便，但在绳扣长度不等的情况下也可采用后一种方法，其系结方法是将短绳扣套在碾轴的一端，再将长绳扣的一端挂于吊钩上，长绳扣的另一端绕过碾轴的另一端后，在吊钩上绕几圈，再从短绳扣的两个绳扣中穿过，然后挂于吊钩上。

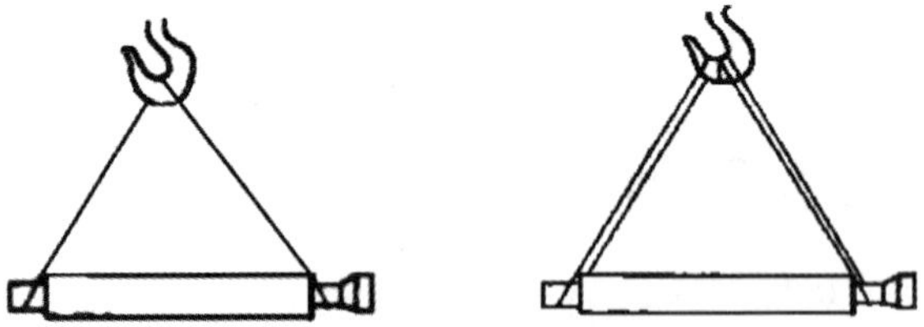

(a) 用等长绳扣吊装　　(b) 用不等长绳扣吊装

图 3-10　轴类零件吊装法

（三）用机具调节平衡的吊装

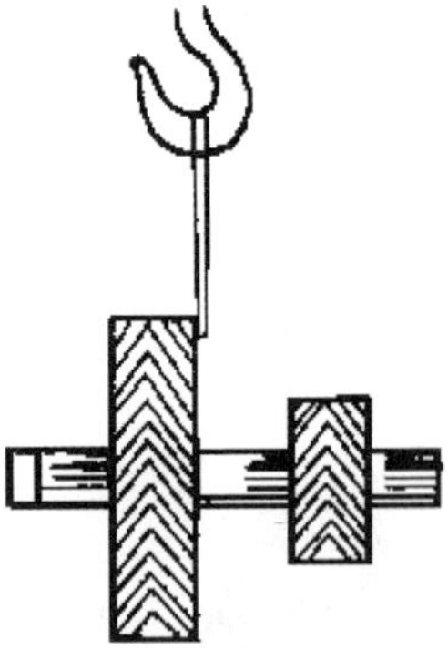

图 3-11　绳扣吊装法

有些设备吊装要求严格，吊装中要求有一定的位置，此时可采用机具调节平衡的方法来吊装。

1. 用手拉葫芦调节平衡的吊装法

在设备安装要求不太严格的情况下，可直接用绳扣进行吊装，如图 3-11 所示；在设备安装要求较高的情况下，可采用手拉葫芦调节设备的位置，如图 3-12所示为用手拉葫芦来调整机件的水平位置，以保证机件的正确安装。

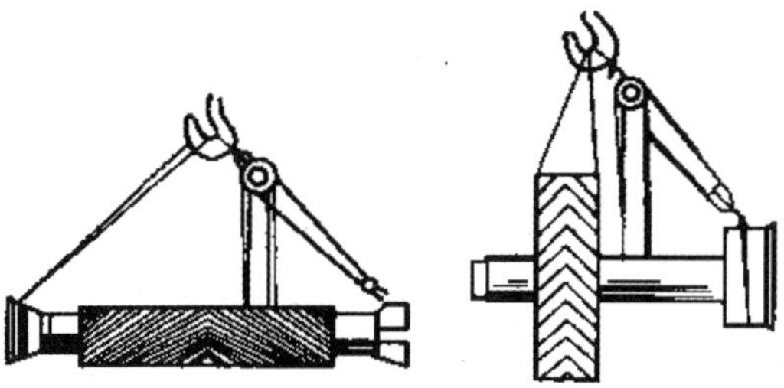

图 3-12　手拉葫芦调节平衡吊装法

2. 用滑轮调整位置的吊装法

有些重而大的机件对吊装的要求较高，在吊装过程中需要保持一定的位置，才能使机件顺利装配。除使用手拉葫芦来调整机件的位置外，还可采用滑车来调整机件的位置，如图 3-13 所示。主滑车用来吊装机件的整体，滑轮 3 用来调整 B、C 的位置，A 点位置可由主滑轮来承担，因绳索是系挂在主滑车上的，当 A 点不动而调整 B、C 两点时，可由滑轮 3 来承担，当 C 点不动而调整 B 点的位置时，可由滑轮 2 来承担，滑轮 2 的跑绳由手拉葫芦驱动，而手拉葫芦固定在 C 点处（绳索系挂在滑轮 3 上）。

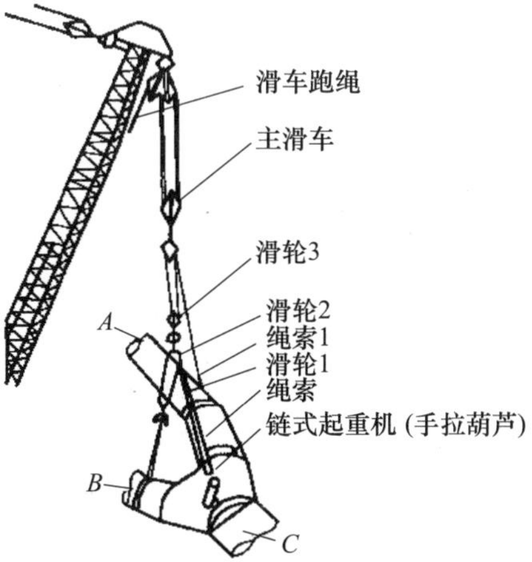

图 3-13　用滑车调整位置吊装法

有些构件直径较大，壁较薄，以及一些用型钢组成的机件，吊装时因应力集中或刚度不够等原因，容易引起变形，因此，在吊装前对机件应采取必要的临时加固措施，以保证在吊装过程中使机件有足够的刚度，不会使机件产生变形。

薄壁管在吊装中容易产生变形，故在吊装前需对吊装处的管道内径进行临时加固，以防管道在吊装时产生变形，如图 3-14所示。

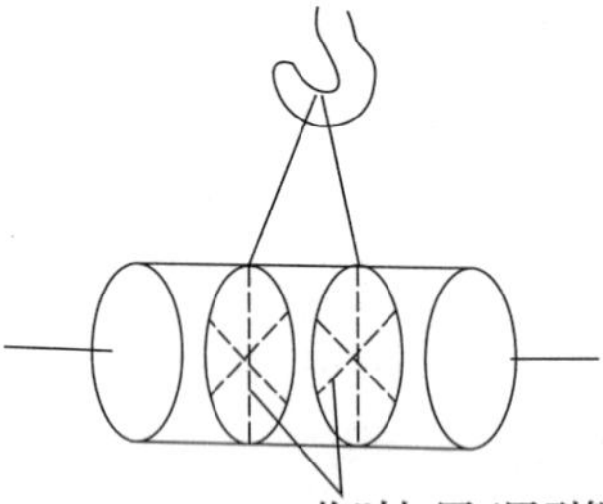

图 3-14　薄壁管吊装临时加固

（四）空中翻转的吊装

有些构件在吊装时需要翻转后才能进行安装，如高炉的除尘器，其构件的上部呈圆筒形，下部呈圆锥形，在安装时圆锥形应在下部，但是构件在工地组装时，由于组装工艺方便，都是把圆筒形放在下面，圆锥形在上面，这样在吊装时就需要进行一次翻转。

空中翻转吊装法，如图 3-15（a）所示。图中 A、B、C 三点为除尘器的吊耳，三点呈三等分（各为 120°），在 A、B 两点用一根绳索拴好后挂于主滑轮上，同时在 C 点用一套滑轮拴好后也挂于主滑轮上。当构件随着主轮车起升时，滑轮也随着提升，在提升时只需保持物件的平衡即可。

当构件吊至空中需要进行翻转时，主滑轮停止上升，而滑轮继续单独提升，并以 A、B 两点为轴旋转，直至 C 点转过 180°，完成构件的翻转，如图 3-15（b）所示。

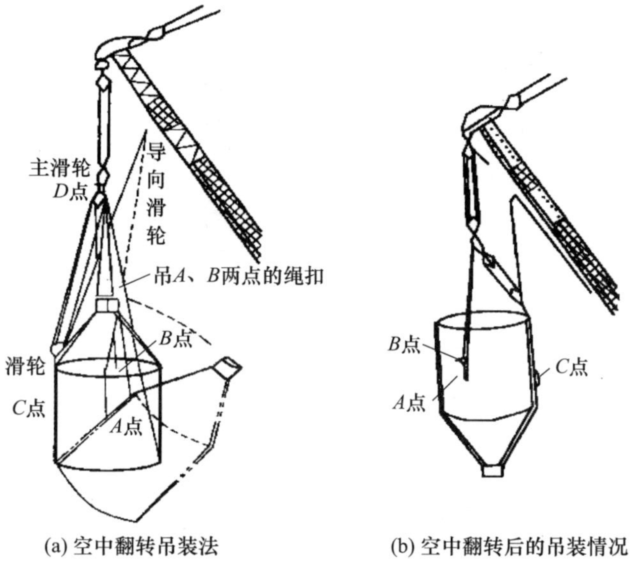

图 3-15　空中翻转吊装法

二、混凝土结构吊装

（一）混凝土柱子的吊装

1. 吊装前的准备工作

1）现场预制的钢筋混凝土柱，宜用起重机将柱身翻转90°，使小面朝上，并移到吊装的位置堆放。现场预制位置应尽量在基础杯口附近，使吊装时起重机能直接吊起插入杯口而不必走车。

2）检查厂房的轴线和跨距。

3）在柱身上弹出中线，可弹三面，两个小面和一个大面。

4）基础弹线。在基础杯口的上面、内壁及底面弹出房屋设计轴线（杯底弹线在抹找平层后进行），并在杯口内壁弹出供抹杯底找平层使用的标高线。

5）抹杯底找平层。根据柱子牛腿面至柱脚的实际长度和第4）条所述的标高线，用水泥砂浆或细石混凝土抹杯底，调整其标高，使柱安装后各牛腿面的标高基本一致。

6）将杯口侧壁及柱脚在其安装后将埋入杯口部分的表面凿毛，并清除杯底垃圾。

7）准备吊装索具及测量仪器。

2. 柱的绑扎

柱身绑扎点数和绑扎位置，要保证柱在吊装过程中受力合理，不因发生变形或裂缝而折断。一般中、小型柱绑扎一点，重型柱或配筋少而细长的柱常绑扎两点甚至两点以上，以减少柱的吊装弯矩。必要时，需经吊装应力和裂缝控制计算后确定。一点绑扎时，绑扎位置在牛腿下面。

按柱吊起后柱身是否能保持垂直状态，分为斜吊绑扎法和直吊绑扎法。斜吊绑扎法适用于柱的宽面抗弯能力满足吊装要求时，此法无须将预制柱翻身，但因起吊后柱身与杯底不垂直，对线就位较难，如图3-16所示；直吊绑扎法适用于柱宽面抗弯能力不足，必须将预制柱翻身后狭面向上，刚度增大，再绑扎起吊，如图3-17所示，它需要较长的起重杆。

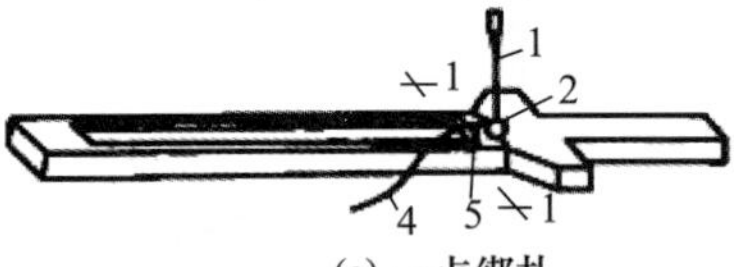

(a) 一点绑扎

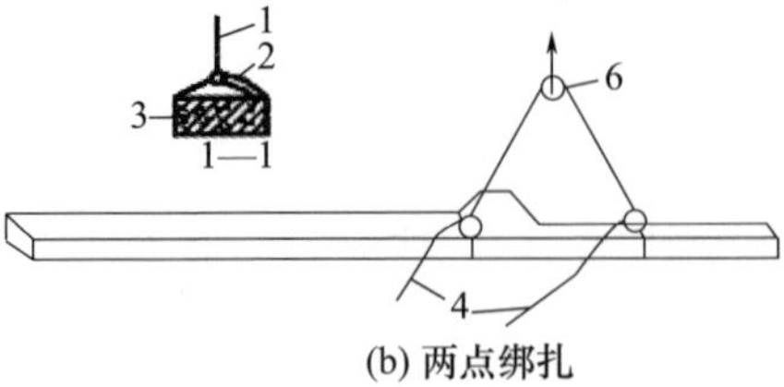

(b) 两点绑扎

图3-16　斜吊绑扎法

1—吊索；2—椭圆销卡环；3—柱子；4—棕绳；5—钢丝；6—滑车

(a) 一点绑扎　　(b) 两点绑扎

图 3-17 直吊绑扎法

1—第一支吊索；2—第二支吊索；3—活络卡环；

4—铁扁担；5—滑车

3. 柱的起吊

柱的起吊方法，按柱在吊升过程中柱身运动的特点分为旋转法和滑行法；按使用起重机的数量，有单机起吊和双机抬吊。下面主要介绍单机起吊的工艺。

1）旋转法。

起重机边起钩、边旋转，使柱身绕柱脚旋转而逐渐吊起的方法称为旋转法。其要点是保持柱脚位置不动，并使柱的吊点、柱脚中心和杯口中心三点共圆。其特点是柱吊升中所受振动较小，但对起重机的机动性要求高。一般采用自行式起重机，如图 3-18 所示。

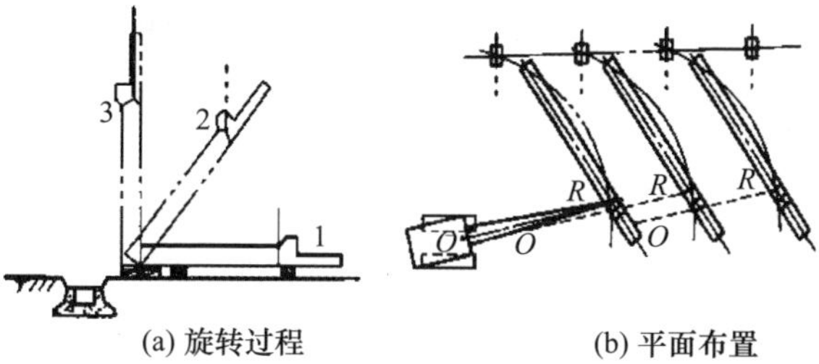

(a) 旋转过程　　(b) 平面布置

图 3-18 旋转法吊柱

1—柱子平卧时；2—起吊中途；3—直立

2）滑行法。

起吊时起重机不旋转，只起升吊钩，使柱脚在吊钩上升过程中沿着地面逐渐向前滑行，直至柱身直立的方法称为滑行法。其要点是柱的吊点要布置在杯口旁，并与杯口中心两点共圆。其特点是起重机只需转动吊杆，即可将柱子吊装就位，较安全，但滑行过程中柱子容易受振动，故只有场地受限时才用此法，如图 3-19 所示。

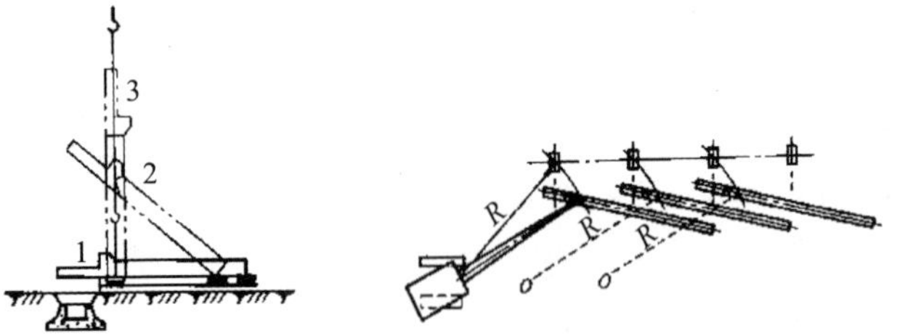

(a) 滑行过程　　(b) 平面布置

图 3-19　滑行法吊柱

1—柱子平卧时；2—起吊中途；3—直立

4. 柱的就位和临时固定

柱脚插入杯口后，使柱的安装中心线对准杯口的安装中心线（吊装准线），然后将柱四周八只楔子打紧加以临时固定。吊装重型、细长柱时，除采用以上措施进行临时固定外，必要时可增设缆风绳拉锚。

5. 柱的校正

柱的校正包括平面定位轴线、标高和垂直度的校正。柱平面定位轴线在临时固定前进行对位时已校正好，标高在柱吊装前由调整基础杯底的标高予以控制在施工验收规范允许的范围以内，所以柱吊装后主要是校正垂直度。垂直度观测、校正的方法是用两架经纬仪从柱相邻两个互相垂直的方向同时观测柱正面和侧面的中心，校正时，使柱子上、下中线与经纬仪的竖线相吻合。常用的校正方法为钢管撑杆校正法，如图 3-20 所示。柱较重（大于 10t）时，最好用螺旋千斤顶校正，如图 3-21 所示。对于较高的柱，还要在柱顶加缆风绳，以保持柱在校正时的稳定。

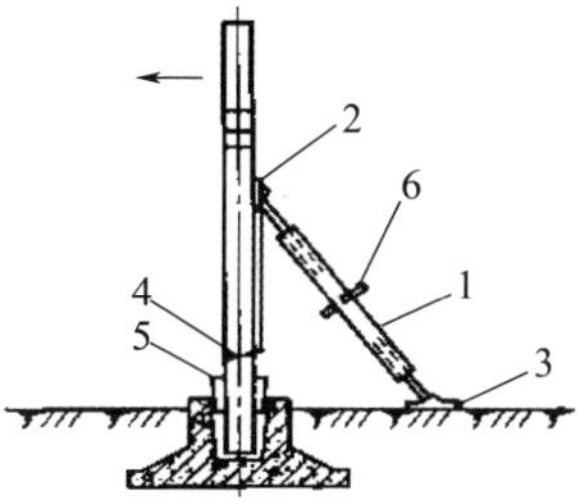

图 3-20　钢管撑杆校正法

1—柱中线；2—铅垂线；3—楔块；4—钢丝绳；5—楔块；6—转动手柄

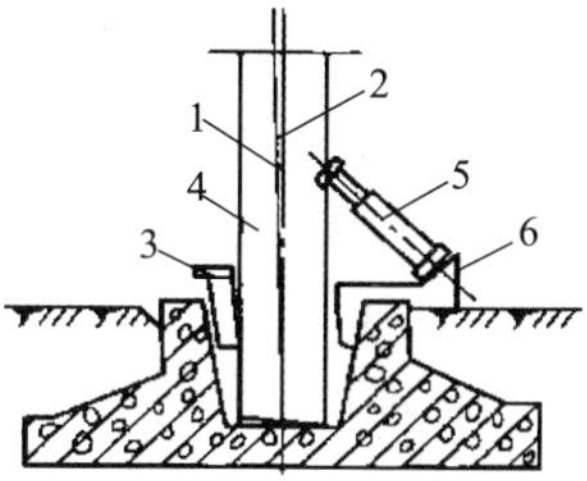

图 3-21　千斤顶斜顶法

1—钢管校正器；2—头部摩擦板；3—底板；4—柱；5—千斤顶；6—铁簸箕

6. 柱的最后固定

在柱底部四周与基础杯口的空隙之间浇筑细石混凝土，捣固密实，使柱的底脚完全嵌固在基础内作为最后固定。灌注工作分两次进行，第一次先浇至楔块底面，待混凝土强度达到 25% 设计强度后，拔去楔块再进行第二次浇筑混凝土至杯口顶面。

采用缆绳或斜撑校正的柱子，必须在第二次浇筑的混凝土达到设计强度的 75%后，方可拆除缆风绳或斜撑。

（二）吊车梁的吊装

吊车梁的吊装在柱子基础杯口灌浆的混凝土强度达到设计强度的 70%以上后方可进行。

截面高度 h 不大于 60cm 的吊车梁在就位时用垫铁垫稳即可；当 h 大于 80cm 或当梁的高宽比大于 4 时，可用连接钢板与柱子点焊做临时固定。

自重 Q 不大于 5t 的吊车梁的校正工作宜在屋盖吊装后进

行；Q 大于 8t 的吊车梁在屋盖吊装后校正难度较大，可采取“边吊边校法”施工。

吊车梁的校正包括垂直度校正和平面位置校正，两者应同时进行。

1. 垂直度校正

吊车梁垂直度用靠尺、线锤检查。T 形吊车梁测其两端的垂直度，鱼腹式吊车梁测其跨中两侧的垂直度。

吊车梁垂直度允许偏差为 5mm。T 形吊车梁如本身扭曲偏差较大，可通过校正使其两端偏斜方向相反，数值相等。

校正吊车梁的垂直度时，需在吊车梁底端与柱牛腿面之间垫入斜垫块，为此，可根据吊车梁的轻重使用千斤顶或在屋架上悬挂倒链，将吊车梁需垫斜块的一端吊起。

2. 平面位置校正

1）拉钢丝法。

根据柱轴线，用经纬仪将吊车梁的中线放到一跨四角的吊车梁上，并用钢尺校核跨距，然后分别在两条中线上拉一根 16～18 号钢丝。钢丝中部用圆钢支垫，两端垫高 20cm 左右，并悬挂重物拉紧，钢丝拉好后，凡是中线与钢丝不重合的吊车梁，用撬杠予以拨正，如图 3-22 所示。

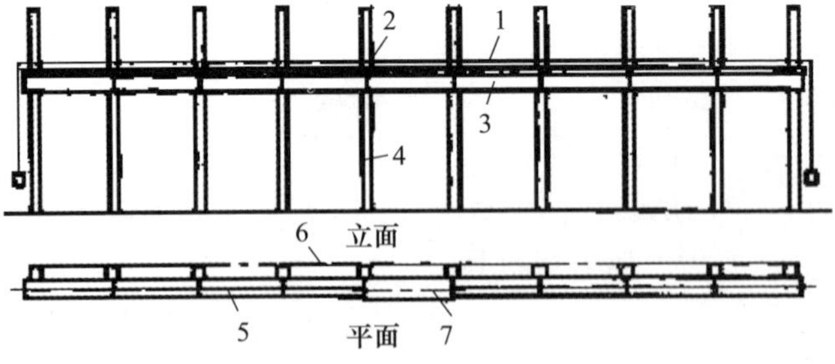

图 3-22　拉钢丝法校正吊车梁的平面位置

1—钢丝；2—圆钢；3—吊车梁；4—柱；5—吊车梁设计中线；6—柱设计轴线；7—偏离中心线的吊车梁

2）仪器放线法。

用经纬仪在各个柱侧面放一条与吊车梁中线距离相等的校正基准线。校正基准线至吊车梁中线距离的 a 值，由放线者自行决定。校正时，凡是吊车梁中线至其柱侧基准线的距离不等于 a 值者，用撬杠拨正，如图 3-23 所示。

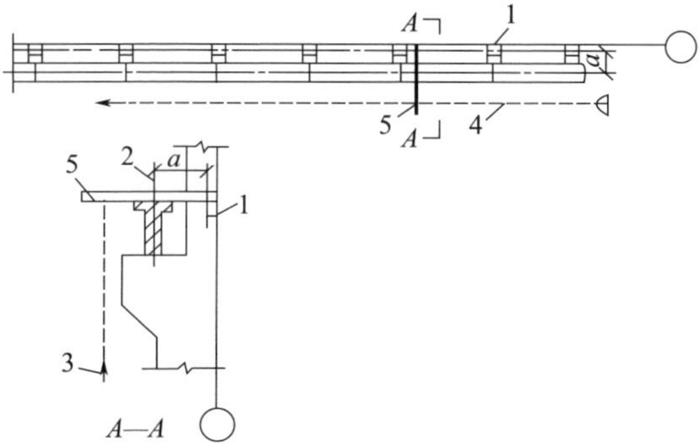

图 3-23　仪器放线法校正吊车梁的平面位置

1—校正基准线；2—吊车梁中线；3—经纬仪；4—经纬仪视线；5—木尺

3）边吊边校法。

即在吊车梁就位后卸钩前进行校正，用经纬仪、木尺观测，方法与仪器放线法类似。

（三）屋盖吊装

屋盖构件包括屋架（或屋面梁）、屋架上下弦水平支撑和垂直支撑、天沟板和屋面板、天窗架和天窗侧板等。屋盖的吊装一般都按节间依次采用综合吊装法。其吊装顺序如图 3-24 所示。

1. 屋架吊装

钢筋混凝土屋架一般在现场平卧叠浇。吊装的施工顺序是绑扎、扶直堆放、吊升、就位、临时固定、校正和最后固定。

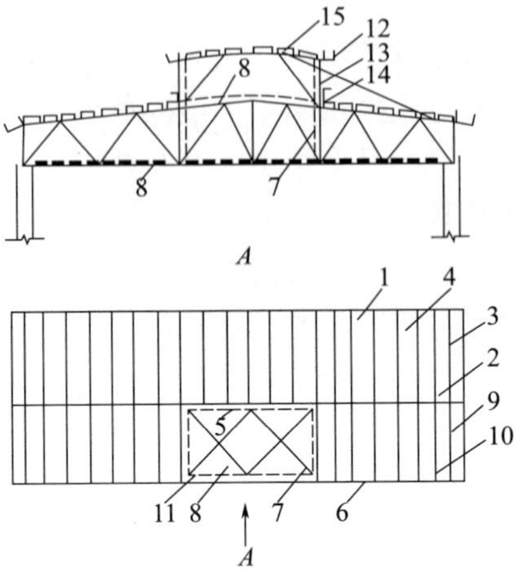

图 3-24　一般单层工业厂房屋盖构件的吊装顺序

1—第一榀屋架；2—第二榀屋架；3—天沟板；4—第一节间屋面板（全部）；5—第一榀天窗架；6—第三榀屋架；7—屋面垂直支撑；8—屋架水平支撑；9—第二节间天沟板；10—第二节间屋面板（全部）；11—第二榀天窗架；12—天窗上档；13—天窗垂直支撑；14—天窗侧板；15—天窗架上屋面板

1）屋架的绑扎与扶直堆放。

对平卧叠浇预制的屋架，吊装前先要翻身扶直，然后起吊移至预定地点堆放。扶直时的绑扎点最好是起吊、就位时的吊点。屋架的绑扎点与绑扎方式与屋架的形式和跨度有关，其绑扎的位置及吊点的数目一般由设计确定。如吊点与设计不符，应进行吊装验算。屋架绑扎时吊索与水平面的夹角 α 不宜小于 45°，以免屋架上弦杆承受过大的压力使构件受损，如加大 α 角，则吊索过长，起重机的起重高度不够时，可采用横吊梁。图 3-25 为屋架绑扎方式示意图。对屋架扶直堆放，堆放位置与起重机的性能和吊装方法有关，应少占场地，便于吊装，还需考虑屋架的吊装顺序、两端朝向等问题，并采取防倾覆措施。

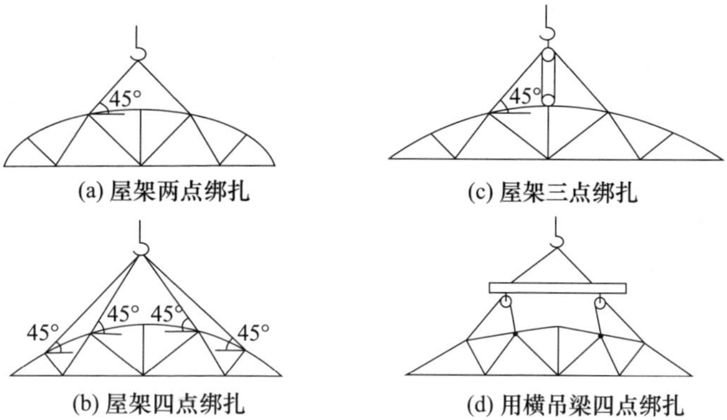

图 3-25　屋架绑扎方式

2）屋架吊升、就位、临时固定、校正与最后固定。

屋架吊至柱顶以上，使屋架的端头轴线与柱顶轴线重合，然后进行临时固定，屋架固定稳妥后起重机才能脱钩。

第一榀屋架的临时固定必须可靠，因为它是单片结构，侧向稳定性差；同时，它是第二榀屋架的支撑，所以必须做好临时固定。一般采用四根缆风绳从两边把屋架拉牢，如图 3-26 所示。有防风柱的可与防风柱连接固定。其他各榀屋架可用屋架校正架（工具式支撑）临时固定在前面一榀屋架上。

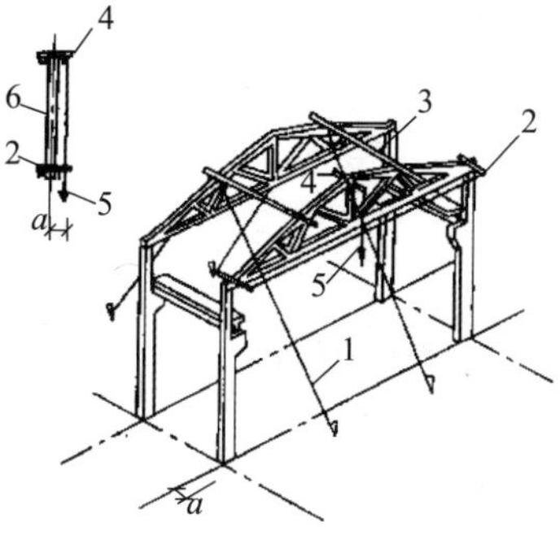

图 3-26　屋架的临时固定

1—缆风绳；2—挂线木尺；3—屋架校正器；4—挂线木尺；5—线锤；6—屋架

屋架主要校正垂直偏差。相关规定：屋架上弦（在跨中），对通过两个支座中心的垂直面偏差不得大于 $h/250$（h 为屋架高度）。检查时可用线锤或经纬仪。用经纬仪检查，是将仪器安置在被检查屋架的跨外，距柱横轴线为 a（a 为 1m 左右），然后观测屋架上弦所挑出的三个挂线木尺上的标志（一个安装在屋架上弦中央，两个安装在屋架上弦两端，标志距屋架上弦轴线均为 a）是否在同一垂直面上，如偏差超出规定数值（如屋架吊装的允许偏差，下弦中心线对定位轴线的位移为 5mm，拱形屋架垂直度为 1/250 屋架高），转动屋架校正器上的螺栓进行校正，并在屋架端部支承面垫入薄钢片。校正无误后，立即用电焊焊牢作为最后固定，应在屋架两端的不同侧同时施焊，以防因焊缝收缩导致屋架倾斜。

2. 天窗架、屋面板的吊装

天窗架可与屋架拼装组合成整体一起吊装，或进行单独吊装，采用两点或四点绑扎，如图 3-27 所示。单独吊装时，应待天窗架两侧的屋面板吊装后进行。吊装方法与屋架基本相同。

屋面板的吊装，如充分发挥起重机的起重能力，一般可采用叠吊的方法，如图 3-28 所示。屋面板的吊装，应由屋架两边檐口左右对称地逐块吊向屋脊，避免屋架承受半边荷载，以利于屋架稳定。屋面板就位、校正后，应立即与屋架电焊固定。

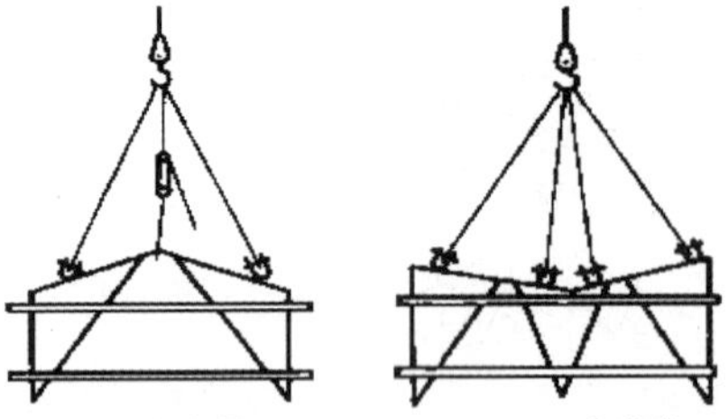

(a) 两点绑扎　(b) 四点绑扎

图 3-27　天窗架的绑扎

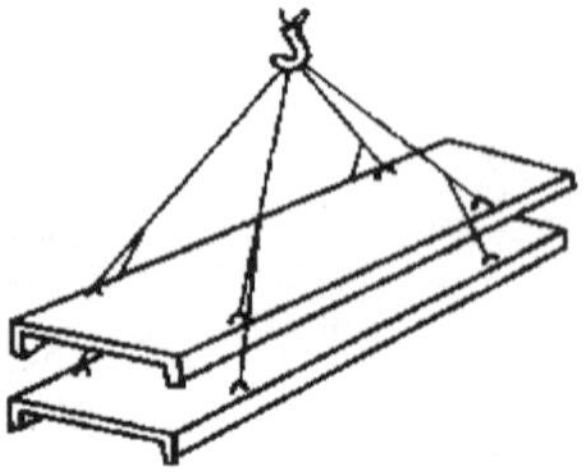

图 3-28　屋面板叠吊

（四）单层工业厂房结构吊装

单层工业厂房结构的吊装方法有以下两种。

1. 分件吊装法

起重机在厂房内或沿着厂房外每开行一次，仅吊装一种或两种构件。通常分三次开行吊装完全部构件。

第一次开行，吊装全部柱子，并加以校正及最后固定。

第二次开行，吊装全部吊车梁、连系梁及柱间支撑。

第三次开行，分节间吊装屋架、天窗架、屋面板及屋面支撑等。

吊装顺序如图 3-29 所示。

在第三次开行之前，即在屋盖结构吊装之前还要进行屋架的扶直（翻身）堆放、屋面板的运输堆放，以及起重杆接长等工作。

分件吊装法由于每次基本是吊装同类型构件，索具不需经常更换，操作方法也基本相同，所以吊装速度快，能充分发挥起重机的工作能力，构件供应与现场平面布置比较简单，也能给构件校正、接头焊接、灌筑混凝土和养护提供充分的时间。缺点是：不能为后续工序及早提供工作面，起重机的开行路线较长。但本法仍为目前单层工业厂房结构吊装中采用较多的一种方法。

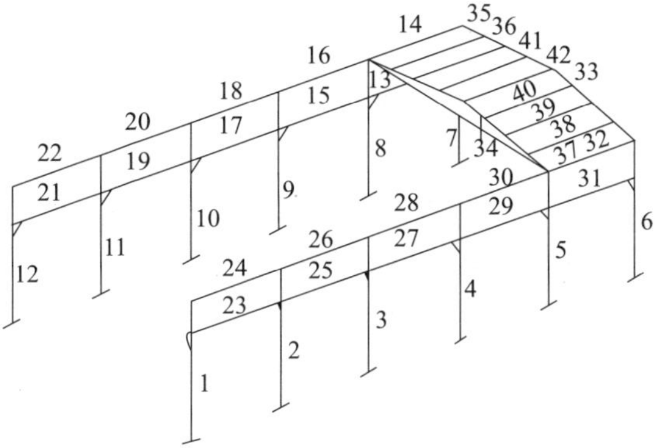

图 3-29　分件吊装时的构件吊装顺序

2. 综合吊装法

起重机每开行一次（移动一次）就分节间吊装完节间内所有各种类型的构件。吊装顺序如图 3-30 所示。即先吊装 4～6 根柱子，并加以校正和最后固定；随后吊装这个节间内的吊车梁、连系梁、屋架和屋面板等构件。一个节间的全部构件吊装完后，起重机移至下一个节间进行吊装，直至整个厂房结构吊装完毕。这种方法的优点是：开行路线短，停机点少；吊完一个节间，其后续工种就可进入节间内工作，使各个工种进行交叉平行流水作业，有利于缩短工期。缺点是：由于同时吊装不同类型的构件，吊装速度较慢；使构件供应紧张和平面布置复杂；构件的校正困难，最后固定时间紧迫。因此，综合吊装法目前较少采用。当某些结构（如门式框架结构）有特殊要求，或采用桅杆式起重机，移动比较困难时，也会采用综合吊装法。

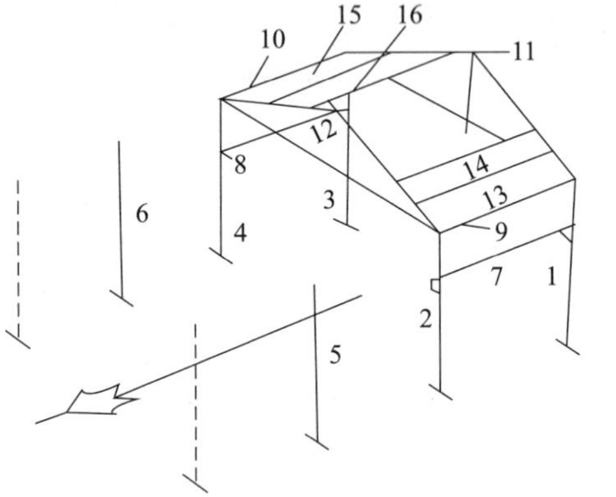

图 3-30　综合吊装时的构件吊装顺序

（五）多层装配式框架结构吊装

1. 结构吊装方法与吊装顺序

多层装配式框架结构的吊装方法，有分件吊装法和综合吊装法两种（图 3-31）。

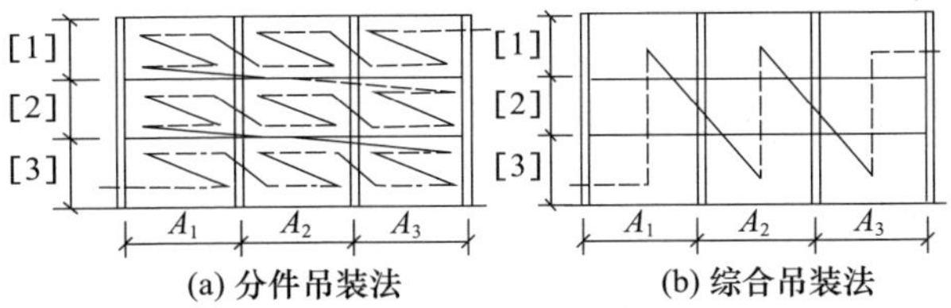

图 3-31　多层装配式框架结构吊装方法

A_1、A_2、A_3—施工段；[1]、[2]、[3] —施工层（与楼层高度相同）

1）分件吊装法。

按其流水方式的不同，又分为分层分段流水吊装法和分层大流水吊装法。

分层分段流水吊装法就是以一个楼层为一个施工层（如果柱子是两层一节，则以两个楼层为一个施工层），而每一个施工层又划分成若干个施工段，以便于构件吊装、校正、焊接以及接头灌浆等工序的流水作业。起重机在施工段 A_1 中做数次往返开行，每次开行，吊装该段内某一种构件，施工段 A_1 中构件吊完，依次转入施工段 A_2、A_3，待施工层 [3] 构件全部吊装完毕并最后固定后，再吊装上一层 [2] 中各段构件，直至整个结构吊完。施工段的划分，主要取决于建筑物平面形状和尺寸、起重机的性能及其开行路线、完成各个工序所需要的时间和临时固定设备的数量等。因此，吊装段的大小，大型墙板房屋一般是 1～2 个居住单元，框架结构一般是 4～8 个节间。

图 3-32 是塔式起重机用分层分段流水吊装法吊装梁板式框架结构的例子。起重机首先依次吊装第Ⅰ施工段中 1～14 号柱，在这段时间内，柱的校正、焊接、接头灌浆等工序也依次进行。起重机吊装完 14 号柱之后，回头吊装 15～33 号主梁和次梁。同时进行各梁的焊接和灌浆等工序。这就完成了第Ⅰ施工段中柱和梁的吊装，形成框架，保证了结构的稳定性，腾出临时固定设备，然后如法吊装第Ⅱ施工段中的柱和梁。待第

Ⅰ、Ⅱ段的柱和梁吊装完毕，再回头依次安装这两个施工段中64～75号楼板，然后如法吊装第Ⅲ、Ⅳ两个施工段。一个施工层完成后再往上吊装另一施工层。

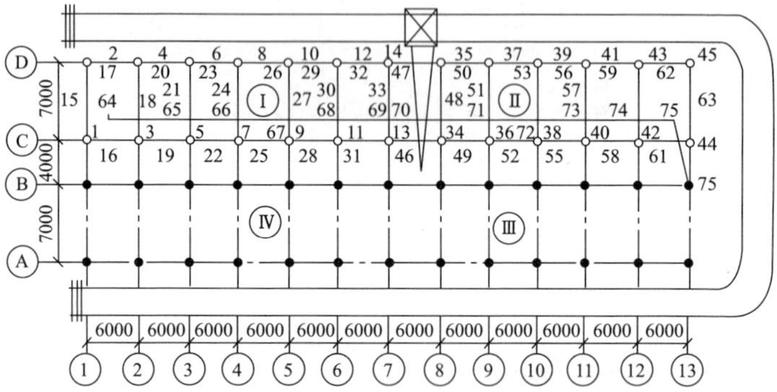

图 3-32　用分层分段流水吊装法吊装一个楼层构件的顺序

Ⅰ、Ⅱ、Ⅲ、Ⅳ—施工段编号；1、2、3—构件吊装顺序

分层大流水吊装法是每个施工层不再划分施工段，而按一个楼层组织各工序的流水。

分件吊装法是装配式框架结构最常用的方法，其优点是：容易组织吊装、校正、焊接、灌浆等工序的流水作业；容易安排构件的供应和现场布置工作；每次均吊装同类型构件，可减少起重机变幅和吊具更换的次数，从而提高吊装效率，各工序的操作也比较方便和安全。

2）综合吊装法。

综合吊装法是以一个柱网（节间）或若干个柱网（节间）为一个施工段，以房屋的全高为一个施工层来组织各工序的流水。起重机把一个施工段的构件吊装至房屋的全高，然后转移到下一个施工段。图 3-33 所示是采用履带式起重机在跨内开行以综合吊装法安装两层装配式框架结构的例子。该工程采用两台履带式起重机。其中，[1] 号起重机吊装 C、D 跨的构件，首先吊装第一节间的柱 1～4（柱是一节到顶），随即吊装该节间的第一层（二楼）梁 5～8，形成框架后，接着吊该层楼板 9；然后吊装第二层（屋面）梁 10～13 和该层楼板（屋面板）14。这样，起重机后退一个停机位置，再用相同顺序吊装第二节间，以此类推，直至吊装完 C、D 跨全部构件后退场。[2] 号起重机则在 A、B 跨开行，负责吊装 A、B 跨的柱、梁和楼板，再加 B、C 跨的梁和楼板，吊装方法与 [1] 号起重机相同。

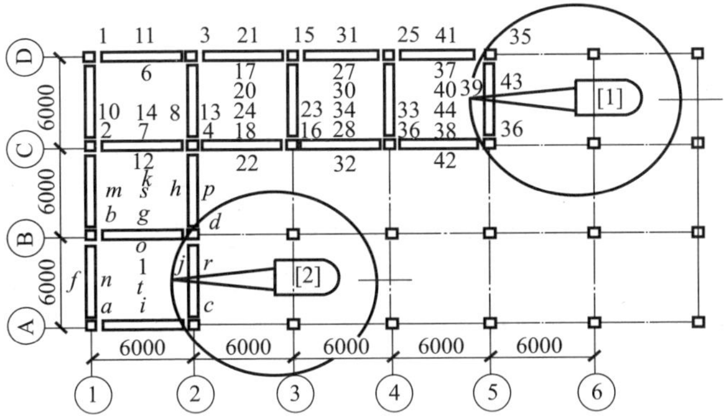

图 3-33 用综合吊装法吊装框架结构件的顺序

1、2、3、4…— [1] 号起重机吊装顺序；*a*、*b*、*c*、*d*…— [2] 号起重机吊装顺序

采用综合吊装法，工人在操作过程中，上下频繁，劳动强度大；杯基与柱子连接的接头混凝土尚未达到设计强度的 70%，如随即吊装梁等构件，结构的稳定性难以得到保证；现场构件的供应与布置复杂，要求高，对提高吊装效率与施工管理均有影响。因此，综合吊装法在工程吊装施工中较少应用。

2. 构件布置和吊装

1）构件布置。

多层装配式框架结构的预制构件，除较重、较长的柱子需在现场就地预制外，其他构件大多数由工厂集中预制后运往工地吊装。因此，构件平面布置要着重解决柱子的现场预制布置和预制构件的堆放问题。

构件平面布置与所选用的吊装方法、起重机械的性能、构件的预制方法等有关。

2）构件吊装。

（1）柱的吊装。柱的长度在12m以内时，通常采用单点直吊绑扎。柱较长时，应用两点绑扎，必要时应对吊装位置进行吊装验算。框架底层柱多插入基础杯口，吊装方法与单层工业厂房柱相同。在楼层上，上下两节柱间连接是框架结构吊装的关键。上节柱多采用榫接头，吊装须在下节柱永久固定后进行，当吊装就位后需临时固定，可采用环形固定器和管式支撑。

对重型柱或较长柱的临时固定，可采用图3-34所示方法，在上柱底部及下柱顶部各预埋钢板一块，当上柱吊装并校正水平位置后，在两钢板间四边点焊临时固定。然后用管式支撑做垂直度校正。垂直度一般用经纬仪、线锤进行校正。对于用电焊焊接的柱或柱与梁接头，钢筋收缩不均还会影响柱的垂直度。数层一节的细长柱，在强烈日光照射下，阳面和阴面之间产生温差也会使柱产生弯曲变形，所以对柱垂直度应反复进行校正。

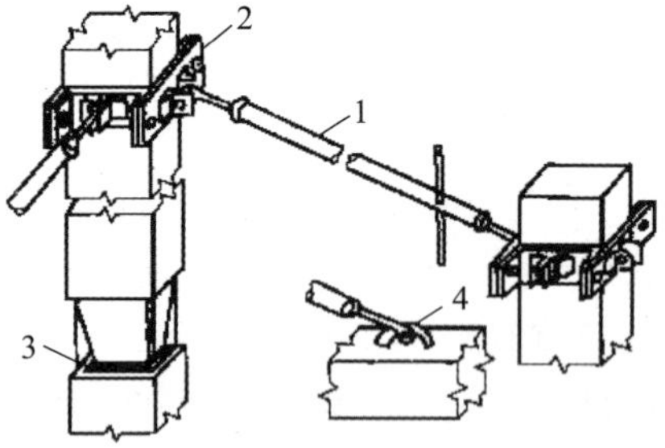

图3-34　用预埋钢板点焊及管式支撑临时固定柱简图

1—管式支撑；2—夹箍；3—预埋钢板及点焊；4—预埋件

两节柱的连接有多种方法，常用的有：

① 榫接头（图3-35）。上、下柱预制时各伸出一定长度的

钢筋，吊装时使上、下柱钢筋对准，用剖口焊加以焊接。为承受施工荷载，上柱底部凸出个混凝土榫头。钢筋焊接后，支模后用高于柱设计强度25%的细石混凝土（最好用高强度等级水泥或膨胀水泥拌制）进行接头灌筑。待接头混凝土达到70%设计强度后，再吊装上层构件。

上、下柱预制时伸出的钢筋位置必须准确，钢筋电焊时对柱垂直度影响较大，对施焊工艺、施焊顺序要周密考虑。

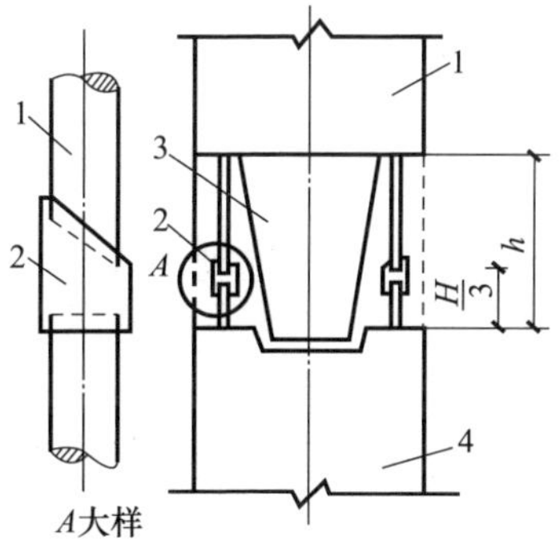

图3-35　榫接头

1—上柱；2—剖口焊；3—榫头；4—下柱

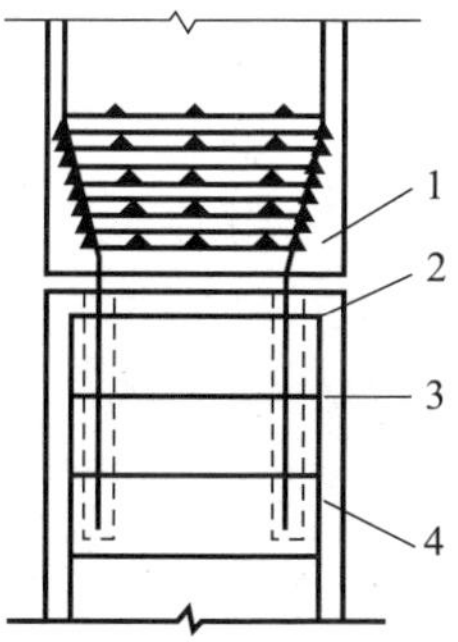

图3-36　浆锚接头

1—柱；2—锚固钢筋；3—浆锚孔；4—下柱

② 浆锚接头（图3-36）。其做法是在上柱底部伸出四根长约300～700mm的锚固钢筋；下柱顶部则预留四个深约350～750mm、孔径约为2.5～4d（d是锚固钢筋直径）的浆锚孔。在插入上柱之前，应先把浆锚孔清洗干净，并灌入高于M40快速凝结砂浆；下柱顶面也满铺约厚10mm的砂浆，然后把上柱锚固钢筋插入孔内，使上、下柱连成整体。

（2）梁板吊装接头施工。梁和柱子的接头是关系框架结构的强度和刚度的重要环节。梁和柱子接头有通过预埋件焊接的简支接头；有剖口焊连接的普通刚性接头以及不需焊接，梁和柱子的钢筋全部伸入节点内，灌浆后形成整体接头的无焊接梁柱接头（图 3-37）。

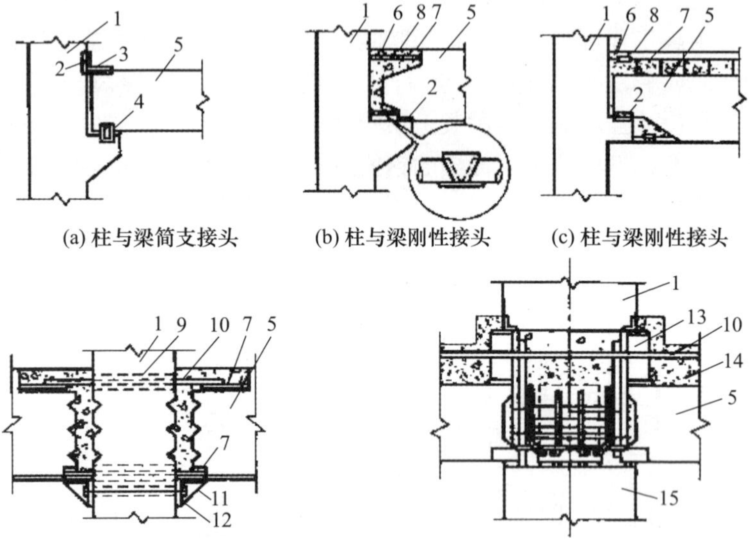

(a) 柱与梁简支接头　(b) 柱与梁刚性接头　(c) 柱与梁刚性接头

(d) 柱与梁齿榫式接头　(e) 柱与梁无焊接接头

图 3-37　柱与梁接头形式

1—柱；2—预埋钢板；3—贴焊角钢；4—贴焊钢板；5—墙板；6—柱的预埋钢筋；7—梁的外伸钢筋；8—剖口焊；9—预留孔；10—钢筋；11—临时牛腿；12—固定螺栓；13—钢支座；14—叠合层；15—下柱

在梁板或框架结构中，楼板一般都是直接搁置在梁或叠合梁上，接缝浇以细石混凝土。

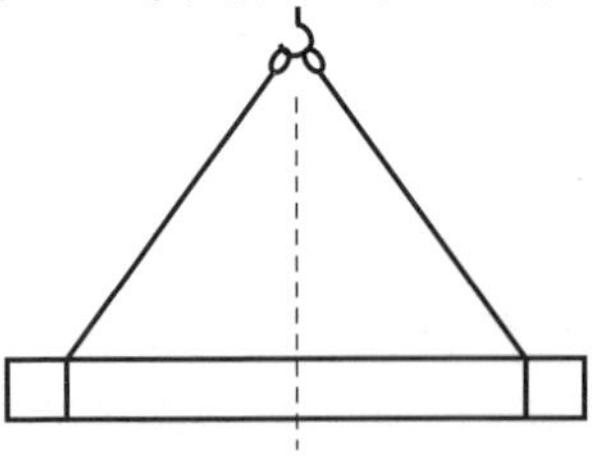

图 3-38　用两点绑扎梁类构件的情况

（六）混凝土梁吊装

梁起吊时要求水平上升，一般均采用两根带卸扣的吊索在梁重心的两侧对称位置上绑扎，如图 3-38 所示。两吊索之间夹角不宜大于 60°，以免吊索受力及梁承受轴向压力过大。

（七）板类构件吊装

1. T 形板的吊装

T 形板一般都有预埋吊环，每次若只吊装一块，钩住吊环即可。每次吊装两块以上时，应采用图 3-39 所示的吊挂方法。每块板的吊索都直接挂在起重机的吊钩上，而且各板之间的距离较大，因而吊索给 T 形板翼缘（挑出部分）的压力较小，可防止翼缘破坏。

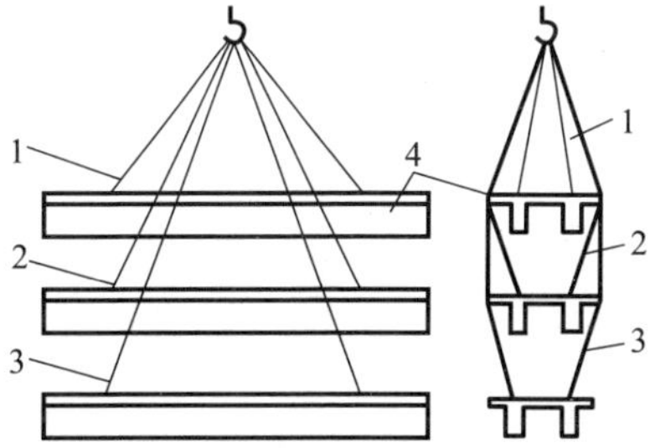

图 3-39　多块双 T 形板的吊挂方法

1、2、3—吊索；4—双 T 形板

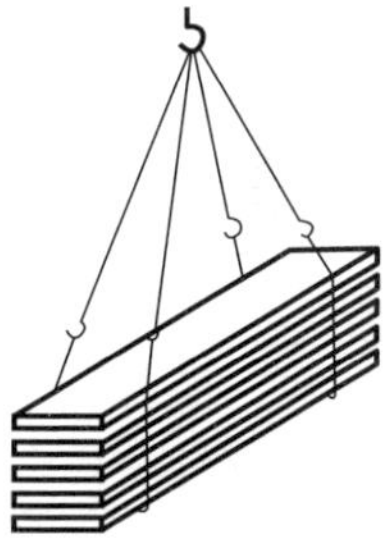

图 3-40　空心楼板的兜吊

2. 空心楼板的吊装

小型空心楼板（质量 500kg 以内，长度 4m 内）一般采用一次叠层兜吊数块的方法，如图 3-40 所示。空心板吊到梁上后，再逐块吊到安装位置。这样会对梁产生一个集中荷载，因此，一次兜吊的数量不宜太多，应通过对支座梁的验算确定兜吊数量，以免造成事故。

3. V 形折板的吊装

V 形折板安装在砖砌的或混凝土的三角支座上，吊装前应对支座的位置、尺寸和坡度进行检查，以保证折板起吊就位后张开的角度一致和受力均匀。折板吊装时必须采用平衡梁（铁扁担）多点吊装，吊点的距离为 2～2.5m，如图 3-41 所示。

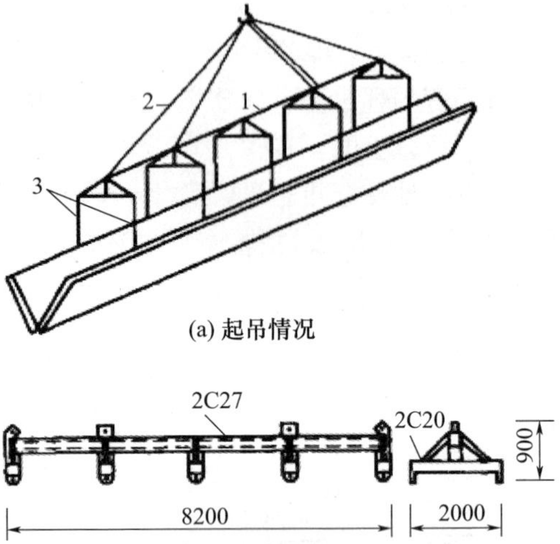

(a) 起吊情况

(b) 铁扁担构造

图 3-41　V 形折板的吊装

1—铁扁担；2—铁板扁担上的吊索；3—铁扁担下的吊索

折板吊装就位时，很容易出现“塌腰”及扭曲变形现象，应采取下列预防措施：

1）每隔 2～3m 用图 3-42 所示的临时拉杆拉住折板边缘，并调整花篮螺栓使拉杆稍受力后，起重机方可摘钩。

2）摘钩后调整花篮螺栓，使折板脊缝、底缝平直、宽窄均匀，防止折板两边伸出的钢筋相碰，产生板压板现象。

3）调整好后，立即将两块板的吊环焊牢。吊环应用撬杠别弯、平直，不可用锤敲打，防止破坏折板。

4）如折板的跨度太大，可在折板下面搭设脚手架做临时支撑，防止折板“塌腰”折断。

5）吊装过程中，板上操作人员不得超过 6 人，并不得集中在一起作业，以防将折板压塌发生坠落事故。

6）调整和焊接完后，立即进行灌缝工作。

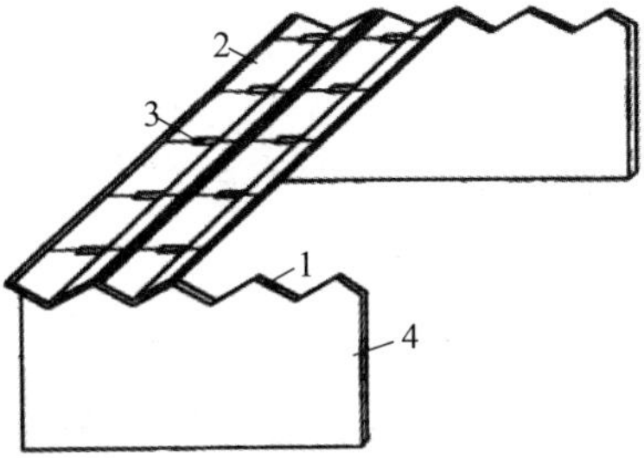

(a) 临时拉杆拉住折板边缘情况

(b) 拉杆构造

图 3-42　用临时拉杆拉住折板边缘情况和拉杆构造

1—三角形支座；2—折板；3—临时拉杆；4—墙

4. 墙板的吊装

1）墙板吊装的主要要求。

（1）凡设计无规定时，各种墙板的脱模起吊强度不得低于设计强度的 70%。其中振动砖墙板的砂浆强度不低于 7.8MPa。

（2）墙板在脱模起吊前，应先进行试吊，待取得经验后再大量起吊。

（3）墙板构件脱模起吊前，应将外露的插筋弯起，避免伤人或损坏台座。采用预应力钢筋吊具的墙板构件，在脱模起吊前应先施加预应力。采用混凝土吊孔的墙板构件，在脱模起吊前要将吊孔内杂物清理干净，活动吊环必须正确放入吊孔内，转动灵活，且与吊孔勾牢。

（4）采用重叠生产的墙板，在脱模起吊前，应在墙板底部放上木凳，如图 3-43 所示，木凳放置高度应和待起吊墙板高度一致，要垫稳垫牢，起吊时扶稳，防止构件下滑。

2）墙板吊装前破坏吸附力和黏接力的方法。

（1）单层生产的墙板，宜用千斤顶、丝杠等做横向水平推移，使墙板产生水平移动。

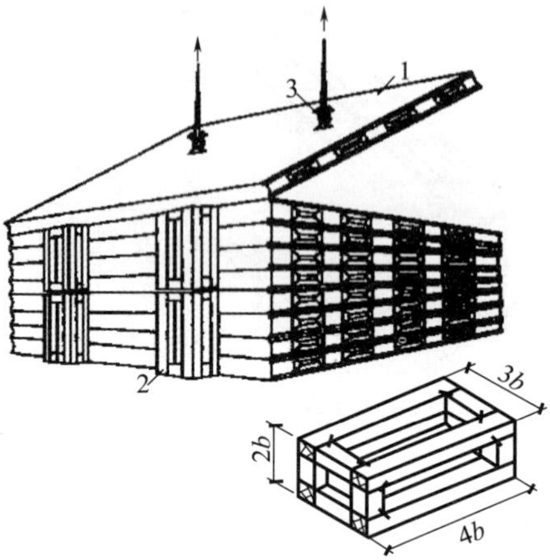

图 3-43　木凳和用法示意

1—墙板；2—木凳；3—活动吊环和混凝土吊孔；b—墙板厚度

（2）重叠生产的墙板，在脱模起吊前宜先将吊绳绷紧，再用扁凿在两层墙板之间靠近吊点部位的两角接缝处（或黏接处）进行剔凿。待出现通缝和空鼓声后，再利用吊装机械缓慢提升。

（3）采用预应力钢筋吊具的墙板，可采取加大预应力值以增加墙板的压缩变形来破坏吸附力。但在吸附力破坏后，要将预应力立即退到原控制值，否则会使墙板构件产生偏心，导致破坏。

三、钢结构吊装

钢结构与其他结构比较，有其显著的特点：一是强度高，自重轻；二是安全可靠；三是制作精度高，安装速度快；四是气密性和水密性较好；五是耐热性较好。因此，钢结构被广泛应用于工业厂房、飞机库、火车站、体育馆等大跨结构；宾馆、大厦等多层及高层建筑结构；板壳结构、移动结构、桥梁结构和轻钢结构等。随着工程建设的发展，钢结构将得到更广泛的应用。

（一）钢结构吊装前的准备工作

1. 施工文件准备

应编制钢结构吊装工程施工组织设计或施工方案。

2. 人员培训

对参加钢结构吊装人员进行培训。电焊工应当经过考试并取得合格证后方可参加钢结构吊装的焊接工作。

3. 准备材料、机具和工具

1）吊装用的焊接材料、高强度螺栓、普通螺栓、涂料等应具有产品质量证明书，其质量应符合有关现行国家标准。

2）安装用的专用机具应满足施工要求，并应定期进行检验。测量用钢尺应与钢构件制作所用钢尺按同一标准进行鉴定，并应具有相同的精度等级。

4. 主要工艺技术准备

安装的主要工艺，如测量校正、厚钢板焊接、栓钉焊接、高强度螺栓连接的摩擦面加工等，应在施工前进行工艺试验，并应在试验结论的基础上制定各项操作工艺。

5. 定位轴线、标高和地脚螺栓施工质量复查

1）吊装前，应对建筑物的定位轴线、平面封闭角、底层柱的位置线、钢筋混凝土基础的标高和混凝土强度等级等进行复查。

2）框架柱定位轴线的控制，可采用在建筑物外部或内部设辅助线的方法。每节柱的定位轴线应从地面控制轴线引上来，不得从下节柱的轴线引出。

3）柱的地脚螺栓位置应符合设计文件或有关标准的要求，并应有保护螺纹的措施。可采用在柱底板下的地脚螺栓上加一调整螺母，以调整柱子标高，如图 3-44 所示。

6. 构件质量复查

1）接收或向钢构件制作厂索取构件质量检查记录及产品合格证书。

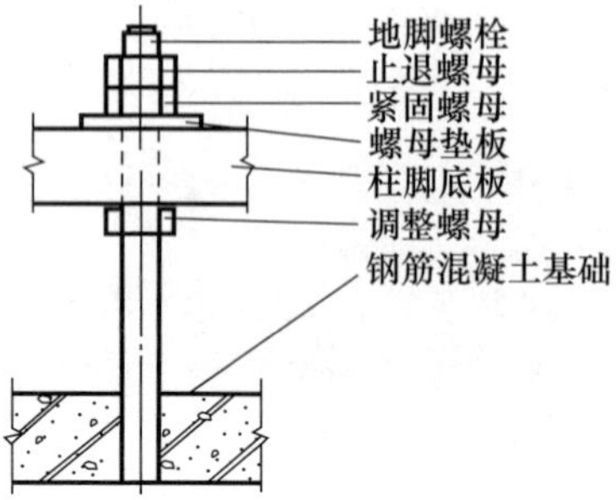

图 3-44　在地脚螺栓上安放调整螺母

2）对柱、梁、支撑等主要构件的外形和尺寸应在安装现场进行复查，凡其偏差大于国家现行标准规定的允许偏差时，安装前应进行修理。

3）端部进行现场焊接的梁柱构件，其长度尺寸应按下列方法进行检查：

（1）柱的长度应增加柱端焊接产生的收缩变形值和荷载使柱产生的压缩变形值。

（2）梁的长度应增加梁接头焊接产生的收缩变形值。

4）钢构件的弯曲变形、扭曲变形以及钢构件上的连接板、螺栓孔等的位置和尺寸，应以钢构件的轴线为基准进行核对，不宜用钢构件的边棱线作为检查基准线。

5）钢构件焊缝的外观质量和超声波探伤检查，栓钉的位置及焊接质量，以及涂层的厚度和强度应符合国家有关标准的规定。

（二）钢柱的吊装

1. 绑扎和起吊

钢柱的截面有各种各样的形式，最常见的有实腹式和格构式两种，还有一些在牛腿上面用实腹式，在牛腿下面用格构式。实腹式截面通常“工”字形、“H”形等。格构式截面大多用缀条或缀板将各种实腹截面组合起来，在吊装作业中要注意根据截面特征和设计的吊点进行绑扎。钢柱起吊前应以牛腿面标高为基准向下测量到＋1.000m处画一水平线，以便安装后复查牛腿平面标高。

钢柱脚与基础多用地脚螺栓连接，为了使钢柱在就位时能顺利地套入地脚螺栓，通常采用垂直吊装法吊装，如起重机吊杆长度有限，起重机的吊钩可不超过柱顶。

为了避免钢柱柱脚套入地脚螺栓时碰坏螺纹，常用薄钢板做成套筒套在螺纹上，或用锥形套帽作临时保护，钢柱就位后取出套筒或套帽，放上螺母。

为了保护吊索不被钢柱边缘锐利的棱角所损伤，在绑扎处垫好护角垫板。此外也可用专用吊索吊装。

2. 临时固定和校正

钢柱起吊后，即拧上地脚螺栓帽作临时固定，一般不需要拉缆风绳。

钢柱的平面位置在起吊就位时一次对位，不需再校正。

钢柱的标高在做基础时已根据柱子制作误差进行过一次调整，所以大多数柱子都不必再校正标高，但柱子临时固定后，仍应进行标高复查，超过允许偏差的还需进行校正。

钢柱的校正，主要是校正垂直度。钢柱标高和垂直度的校正方法有两种：一是在柱脚和基础之间打入钢楔子抬高柱脚以增减垫板；二是用千斤顶顶起柱子以增减垫板。千斤顶顶动柱子的部位，可根据具体情况确定，或顶在柱脚处，或顶在柱子根部加焊的牛腿上，如图3-45所示。

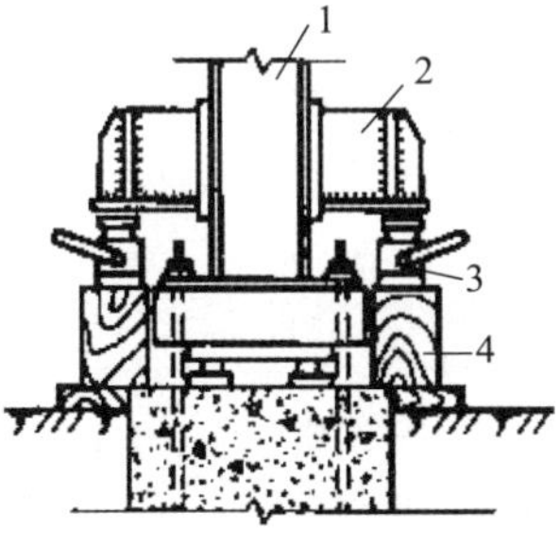

图3-45　用千斤顶校正钢柱

1—钢柱；2—临时焊接的牛腿；3—千斤顶；4—垫木

（三）钢吊车梁吊装

1. 起吊

钢吊车梁的重力相差很大，小的只有几百千克至几吨，大的有几十吨，甚至上百吨。一般钢吊车梁的吊装方法与钢筋混凝土吊车梁类似。而重型钢吊车梁的吊装，应根据具体情况而定：①用双机抬吊；②用独脚拔杆吊；③利用两柱子作拔杆，在柱顶上各挂一滑车组抬吊；④一端在柱顶上挂一滑车组，一端用起重机抬吊。应注意的是：当利用柱子作拔杆时，必须在柱顶上拉好缆风绳，并验算柱子的承载能力，起吊时，应用溜绳控制吊车梁，使它和柱子保持一定的距离，以便顺利地通过牛腿。

2. 校正

钢吊车梁和钢筋混凝土吊车梁不同，它没有相当厚的一层铁屑混凝土的找平层，而是在吊车梁上直接放钢轨或垫钢板后放钢轨，因此如误差较大，就会直接反映到钢轨上去。

钢吊车梁的校正内容有三项：①标高；②平面位置（直线度和轨距）；③垂直度。这三项中应先校正标高。

1）标高校正。

在一跨吊车梁全部吊装完毕后进行。方法是将水准仪架在梁上或专门搭设的平台上，对每根梁的两端进行高程测量，按其最高点算出各点所需垫板厚度（必要时考虑允许误差做适当调整）。然后在梁的支座处垫钢板，梁的支承如是平面支承，应满填钢板；如是加筋板顶端支承，则垫板要大于端支承面，必要时做成楔形，以便垫平支好。

2）平面位置校正。

在全长度上按吊车梁的设计中心线拉一根长钢丝，所有梁均按此钢丝拨正。在校正完毕之后要复查起重机轨距。

3）垂直度校正。

这是确保吊车梁正常工作非常重要的条件。检查方法是从梁的上翼缘挂线垂下去，测量线绳至梁腹板上下两处的水平距离，然后，根据梁的倾斜程度用垫斜垫板的办法校正。中小型钢吊车梁因重力较轻，校正并不困难，宜在屋盖吊装后校正。

如在屋盖吊装前把吊车梁校正好，则屋盖吊装后，由于屋盖的重力使屋架下弦伸长，屋架跨度增大导致轨距增大，甚至超过允许偏差。重型吊车梁由于重力较重，校正比较困难，宜边吊边校。为了避免在屋盖吊装后吊车梁的轨距超过允许偏差，可在校正时使其轨距小于设计数值若干毫米（称为预留偏差）。

（四）钢屋架的吊装

1. 绑扎和起吊

钢屋架的平面外刚度比钢筋混凝土更差，起吊时，一般都需要加固。加固部位应根据屋架的吊装方法和绑扎情况确定，一般都加固在受压部位。单机吊装常加固在屋架下弦，双机抬吊则应加固屋架上弦。考虑到吊装时吊索内力对构件产生的水平压力，有时对斜向吊索之间的屋架受压杆件也要加固，如图 3-46所示。

图 3-46　钢屋架的加固情况

1—吊索；2—加固木杆

吊装钢屋架的吊索，必须绑在屋架吊点上，以防杆件在吊点处产生弯曲变形。

2. 临时固定和校正

第一榀屋架起吊就位后，应在两侧设置缆风绳固定。第二榀屋架起吊就位后，装上 2～4 根上下弦支撑，待第三榀屋架起吊就位后，必须将这两间的屋架和天窗架的上下弦支撑、垂直支撑全部装好，并吊线校正屋架和天窗架的垂直度，装好和拧紧全部节点上的螺栓，以形成一个“稳定块”。第三榀后的屋架和天窗架可根据屋架跨度的大小，安装适当数量的上下弦支撑作临时固定。屋架跨度在 18m 以内的，安装支撑数量不宜少于 6 根；屋架跨度在 21～27m 的，不宜少于 8 根；屋架跨度在 30m 以上，根据具体情况适当增加。

屋架在安装就位和临时固定后，必须检查跨中的垂直度，如其垂直偏差超过跨中高度 1/250 时，可在屋架上弦节点处用花篮螺栓校正。

钢屋架与钢柱的翼缘连接时，应保证屋架在连接板与柱子翼缘板接触的严密性，否则，应根据缝隙大小和形状，垫入垫板，如图 3-47 所示。钢屋架的下弦支承板与钢柱上的支托必须保证接触严密，不可任意加垫钢板，如有问题，可在上弦安装节点处予以处理解决。

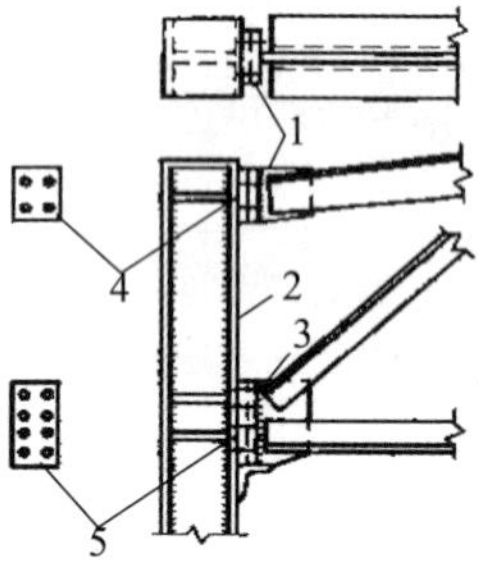

图 3-47　在钢柱翼缘与屋架“丁字板”空隙内垫入垫板

1—屋架上弦“丁字板”；2—钢柱翼缘；3—下弦“丁字板”；4—上弦垫板；5—下弦垫板

（五）钢屋盖构件的吊装

钢屋盖构件吊装方案视屋架与柱子的连接情况、各种构件轻重和起重机类型确定。

1. 当钢屋架与混凝土柱子连接时，可采取“节间吊装法”，即起重机在一次开行中吊装一个节间的全部屋盖构件。

2. 当钢屋架与钢柱子连接时，可采用“分件流水法”。此时，一般用较大型起重机安装全部屋架及少量稳定屋架用支撑，用小型屋面起重机或滑车组安装其余重力较轻的构件。

3. 当起重机的起重能力较大时，可采用“组合吊装法”，即在地面将一个节间的全部钢构件拼装好，然后整体吊至设计位置安装。

(六) 钢天窗架安装

钢天窗架安装与钢筋混凝土天窗架安装方法基本相同。为了减少高空作业，可在地面上将天窗架预先拼装在屋架上，起吊时在天窗架与屋架之间绑两道竖向木杆加固，如图 3-48 所示，并将吊索两面绑扎，把天窗架夹在中间，以保证天窗架的稳定。

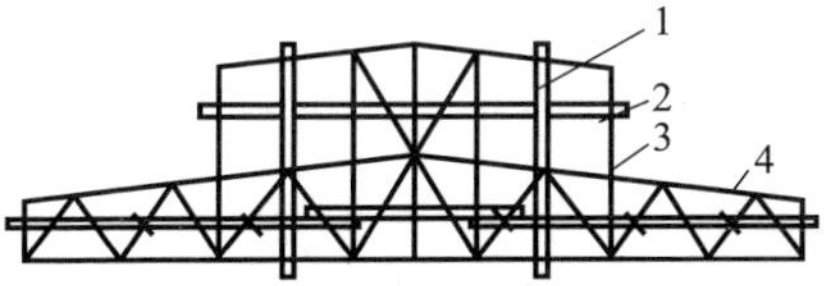

图 3-48　在地面将天窗架拼于屋架上

1—竖向加固木杆；2—横向加固木杆；3—天窗架；4—屋架

(七) 钢结构的组合吊装

钢结构组合吊装是把若干需要连接在一起的结构构件，事先在地面上组合拼装好，然后一次成组地进行吊装。组合吊装法较之单构件吊装法具有很大优点，它不仅可以加快施工进度，大大减少高空作业，而且可获得更好的质量安全保证。组合吊装法可根据安装的对象和结构组成的需要和可能，采取多种组合方案，如钢屋架与钢柱连接的组合吊装（图 3-49）；两个钢柱的组合吊装（图 3-50）；屋面、横梁的组合吊装（图 3-51）；厂房檩条的组合吊装（图 3-52）。

(八) 高层钢框架结构吊装

1. 高层钢框架结构吊装方法

1）高层钢框架柱的绑扎与起吊方法与普通钢柱相同。

2）安装框架梁过程中会对柱子垂直度有影响，可采用钢楔、千斤顶、倒链等工具校正偏差，如图 3-53 所示。

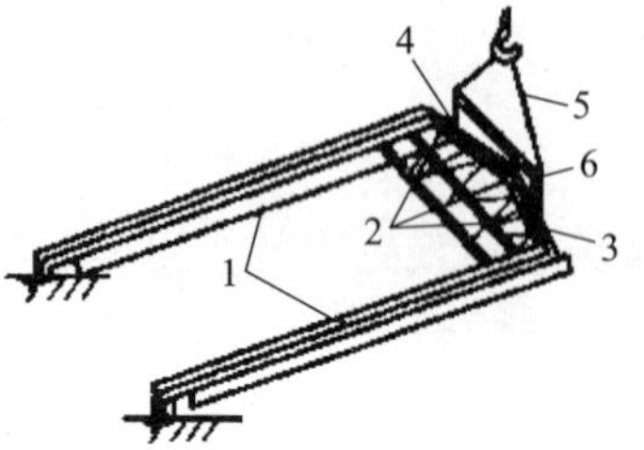

图 3-49　钢屋架与钢柱连接的组合吊装

1—钢柱；2—绑扎加固；3—钢屋架；4—滑车；5—吊索；6—横吊梁

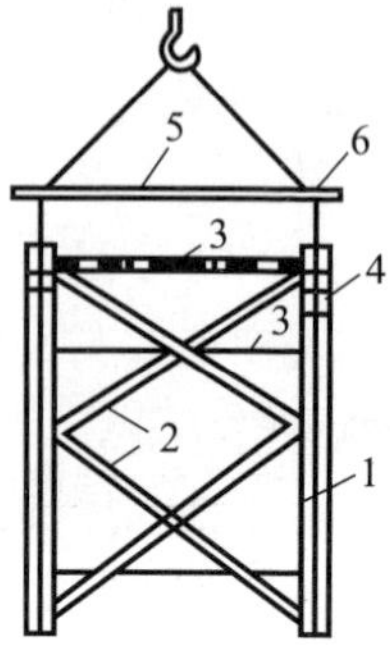

图 3-50　两个钢柱的组合吊装

1—钢柱；2—柱支撑；3—墙板架；4—木垫块；5—横吊梁；6—铁箍

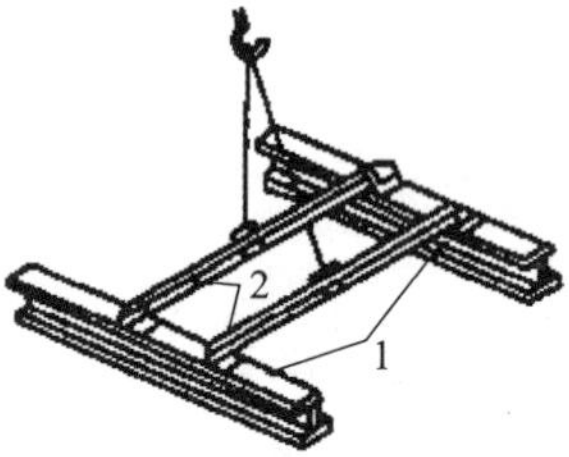

图 3-51　屋面横梁的组合吊装

1—横梁；2—檩条

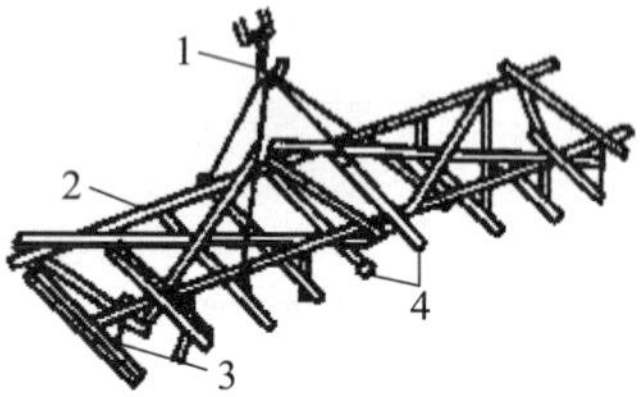

图 3-52　厂房檩条的组合吊装

1—吊钩；2—木架；3—吊索；4—檩条

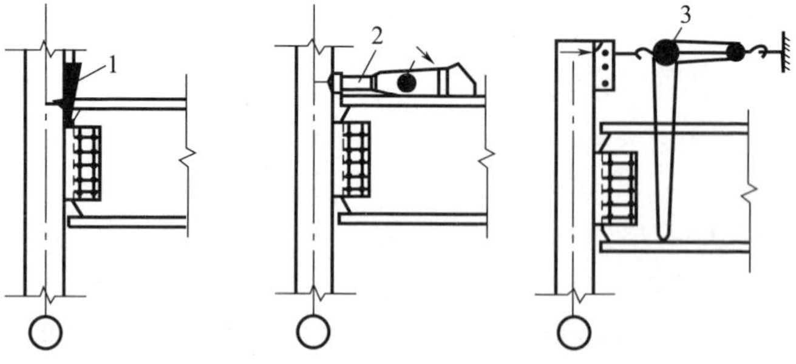

图 3-53　框架柱垂直度校正

1—钢楔；2—千斤顶；3—倒链

3）为保证钢框架结构的整体安装质量，应在结构平面的适当位置设置“标准节间”，首先吊装“标准节间”的全部柱和梁，并经最后校正固定，以形成稳定的框架结构体，然后以此为依靠逐步向外吊装其他节间。

2. 高层钢框架结构的校正

1）选定“基准柱子”。根据建筑物的平面图选定若干根控制柱网的“基准柱子”。图 3-54 所示为选定“基准柱子”实例。

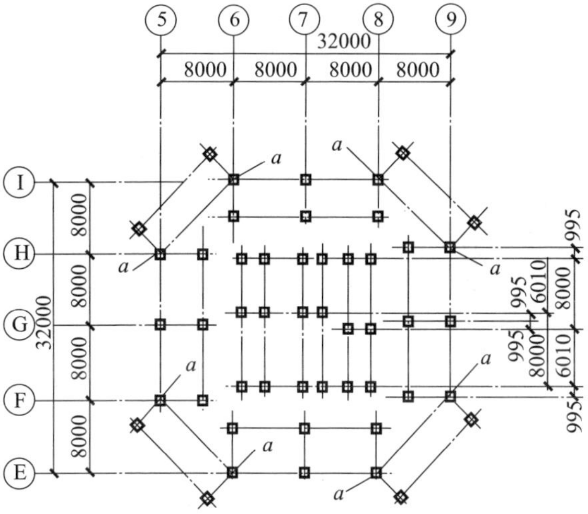

图 3-54　控制柱网的“基准柱子”

a—“基准柱子”

2）“基准柱子”的平面位置和垂直度校正用激光经纬仪观测，其他柱子则根据“基准柱子”用钢卷尺测量。

3）钢框架结构的标高，一般仅对每节钢柱顶面进行控制。具体做法为：①根据地面标高基准点用标准钢尺和水准仪将高程引至某柱顶；②用水准仪测量各柱顶实际标高并列图分析；③对超过允许偏差的柱子用一定厚度的低碳钢板进行调整。

四、大型网架结构整体吊装

大型网架结构整体吊装的常用方法是用多根单立柱桅杆吊装法。现以某体育馆网架屋盖的吊装为例，介绍这种方法的操作过程。该屋盖结构为圆形三向钢管网架，直径为124.6m，自身高度6m，质量达600t，安装在标高为+24.10m的柱顶上，共36根柱子，均匀分布在直径为110m的圆周上，如图3-55所示。

（一）吊装前的准备

1. 桅杆及滑车组的设置

选用6根50m高的格构式单立柱桅杆，均布在接近支柱的圆周上，其半径为45.88m。每根桅杆的两侧各挂一副8门100t的滑车组，每副滑车组下设两个绑扎中点，而且使每根桅杆的起重面垂直于网架半径方向。

为使各吊点提升速度一致，各滑车规格及穿绳线数都应统一，钢丝绳应采取花穿法，以避免滑车“铰死”。

2. 缆风绳的设置

每桅杆设6根缆风绳，其中3根为平缆风绳，使各桅杆与其相邻的桅杆及对角线桅杆的顶部用钢丝绳相连，保证各桅杆互为依靠。另外3根斜缆风绳固定于网架以外的地锚上，每两根缆风绳可合用一地锚，但必须要保证具有足够的拉力。在吊装前缆风绳应预紧，以防止缆风绳在松弛状态下，桅杆顶部受力后产生较大位移而使网架就位困难。

3. 卷扬机设置

每副滑车组配置1台10t卷扬机，共计12台，布置在指挥台两侧，以便于指挥联络。另设6台卷扬机分别布置在网架周围，用以帮助校正与就位。

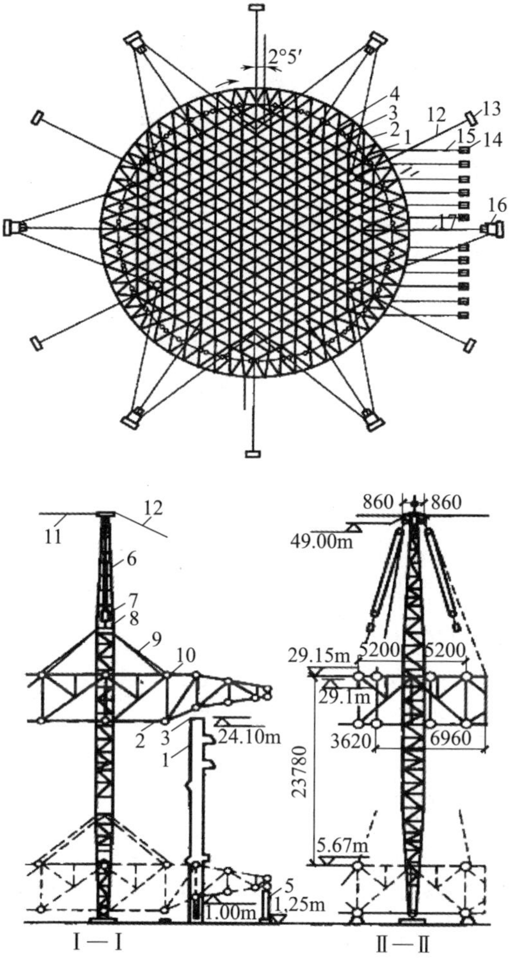

图 3-55　大型网架屋盖桅杆吊法示意图

1—柱；2—网架；3—摇摆支座；4—留待提升后再焊的杆件；5—拼装用小钢柱；6—脚桅杆；7—滑车组；8—铁扁担；9—吊索；10—吊点；11—平缆风绳；12. 斜缆风绳；13—地锚；14—起重卷扬机；15—起重钢丝绳；16—校正用的卷扬机；17—校正用的钢丝绳

采用多根桅杆抬吊网架时，对卷扬机和钢丝绳有以下四个"一致"的要求：各卷扬机的规格，包括卷筒直径、长度和转速应一致；牵引钢丝绳的规格应一致；起吊前，牵引钢丝绳的收紧程度及其在卷筒预留圈数应一致；操作步调应一致。四个"一致"的目的是保证各吊点上升速度一致。

4. 多点吊装布置

宜采用多点吊装，且应沿周边均匀布置吊点。

（二）网架提升

1. 网架拼装前，将立柱、吊装桅杆按要求安装完毕，网架拼装位置应与设计安装位置的圆心相同，只是网架拼装圆比设计安装圆逆时针旋转了一个微小角度，使网架支座偏离柱轴心约 2m。拼装时，将网架与立柱相碰的杆件留待提升后再安装，以免网架提升时与立柱碰撞。

2. 在正式提升前，必须先试吊，将网架提升不超过 1m 的高度，然后再指挥各卷扬机同时落钩。试吊试落的目的是：检查各机具设备的受力状况、操作人员的步调是否一致及落钩是否自如、是否有自锁现象等，以确保吊装顺利进行。

3. 保证各吊点提升速度一致，使网架保持水平状态，是安全吊装的关键。为此，除了在上述准备工作阶段应注意的事项外，还可采取以下措施。

1）卷扬机装设功率表

各卷扬机上钢丝绳预先收紧的程度和在起吊中的受力大小，可通过装在卷扬机电动机上的功率表来检查。

2）装设同步指示装置

其主要元件是自整角机，分为发送和接收两部分。发送部分安装在桅杆底部，接受部分安装在指挥台上，其间用导线连接。发送机旋转一个角度，接收机相应旋转一个角度，可直接用自整角机测量网架某点提升高度，如图 3-56 所示。

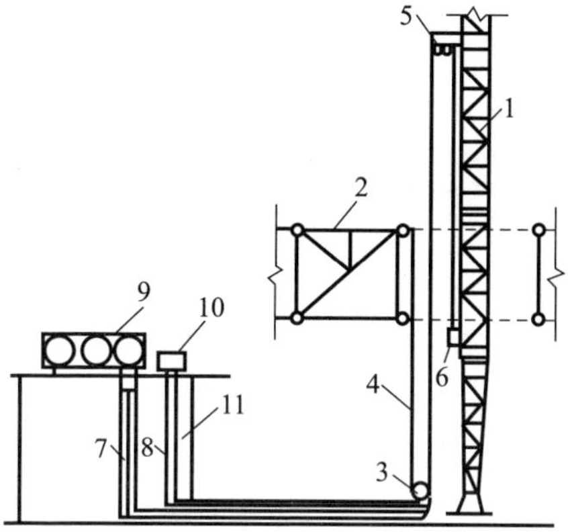

图 3-56　自整角机同步指示装置示意图

1—桅杆；2—网架；3—发送机及装盘；4—钢丝绳；5—导向轮；6—平衡重；7—转子导线；8—定子导线；9—接收机及角度盘；10—调压变压器；11—指挥台

3）停顿调整

在提升过程中，每隔一定时间将速度快的卷扬机停下来，使速度慢的卷扬机赶上其他卷扬机的跑绳距离。

（三）网架就位

当网架的支座提升超过柱顶后，将各桅杆同侧的滑车组钢丝绳徐徐放松，网架就会缓慢地转动，卷扬机一停，网架就静止。利用这种方法使网架处于设计轴线后，落钩就位。

（四）桅杆的拆除

网架固定后，利用网架结构能承受较大荷载的特点拆除桅杆。在网架上弦节点挂两副滑车组吊住桅杆，然后从桅杆下部拆起，拆一节放一节。上部桅杆要设置 8 根缆风绳，以保证安全拆除。

第四章　常用的起重吊装索具和吊具

按行业习惯，我们把用于起重吊运作业的刚性取物装置称为吊具，把系结物品的挠性工具称为索具或吊索。

吊具可直接吊取物品，如吊钩、抓斗、夹钳、吸盘等专用吊具。在一般使用条件下，吊具垂直悬挂时允许承受物品的最大质量称为额定起重量。

吊索是吊运物品时系结钩挂在物品上、具有挠性的组合取物装置。它是由高强度挠性件（钢丝绳、起重环链、人造纤维带）配以端部环、钩、卸扣等组合而成。吊索可分为单肢、双肢、三肢、四肢使用。吊索的极限工作荷载是以单肢吊索在一般使用条件下垂直悬挂时允许承受物品的最大质量。除垂直悬挂使用外，吊索吊点与物品间均存在着夹角，使吊索受力产生变化，在特定吊挂方式下允许承受的最大质量，称为吊索的最大安全工作荷载。

本章介绍起重吊装中常用的吊装索具、吊具等的选择、安全使用方法以及维护保养和报废标准，使建筑起重司索信号工不仅掌握钢丝绳、卸扣、吊环、绳卡等常用起重索具、吊具的选择与使用方法，还能够判断钢丝绳、吊钩是否达到报废标准。

第一节　常用索具及使用要求

一、钢丝绳

钢丝绳是起重作业中必备的重要部件，通常由多根钢丝捻成绳股，再由多股绳股围绕绳芯捻制而成。钢丝绳具有强度高、自重轻、弹性大等特点，能承受振动荷载，能卷绕成盘，能在高速下平稳运动且噪声小，故广泛用于捆绑物体以及起重机的起升、牵引、缆风等。

（一）钢丝绳的分类

钢丝绳可按钢丝绳捻绕的次数、股中相邻二层钢丝的接触状态、钢丝绳捻绕的方向、绳芯材料、钢丝表面情况等分类。

1. 按钢丝绳的捻向分类

1）右捻。把钢丝绳立起来观看，绳股的捻制螺旋方向，从中心线左侧开始向上、向右，这种捻向称为“右捻”，通常用 Z 表示。

2）左捻。从中心线右侧开始向上、向左捻制螺旋，这种捻向称为“左捻”，通常用 S 表示。

3）右交互捻。表示绳是右捻，股为左捻，用 ZS 表示。

4）左交互捻。表示绳是左捻，股为右捻，用 SZ 表示。

5）右同向捻。绳和股都是右向捻，用 ZZ 表示。

6）左同向捻。绳和股都是左向捻，用 SS 表示。

7）交互捻。这种捻法的钢丝绳从外观上看，外层钢丝的方向几乎与钢丝绳的纵向轴线相平行。在使用时表面钢丝与接触物的接触面小，因此易磨损，挠性较差，但不松散旋转。

钢丝绳捻向如图 4-1 所示。

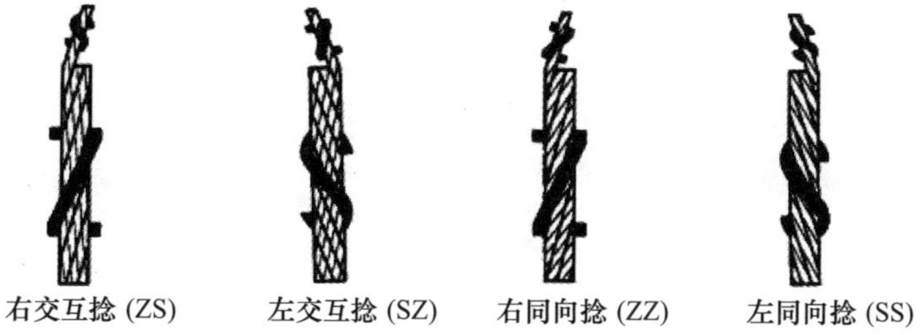

图 4-1　钢丝绳捻向

2. 按绳芯材料的不同分类

1）金属芯。用软钢丝制成，可耐高温并能承受较大的挤压应力，因为挠性较差，所以只适用于高温或多层缠绕的场合。

2）纤维芯。常用浸透润滑油的麻绳、棉纱绳、合成纤维绳等制成，因为易燃，所以不可用于高温场合。

3）石棉芯。用石棉绳制成，耐高温。

3. 按钢丝绳捻绕的次数分类

1）单绕绳。截面如图 4-2 所示，由若干断面相同或不同的钢丝一次捻制而成。由圆形断面的钢丝捻绕成的钢丝绳僵性大、挠性差、易松散，不宜用作起重绳，可用作张紧绳和承载绳，其他场合亦较少采用。

(a) 张紧绳　　(b) 承载绳

图 4-2　单绕绳

2）双绕绳。截面如图 4-3 所示。先由钢丝绕成股，再由股绕成绳。双绕绳挠性好，制造也不复杂，起重机上广泛采用。

3）三绕绳。把双绕绳作为股，再用这种股绕成绳。三绕绳的挠性最好，但制造复杂，一般外层钢丝较细，易磨损断裂，不耐用，故起重机上不采用。

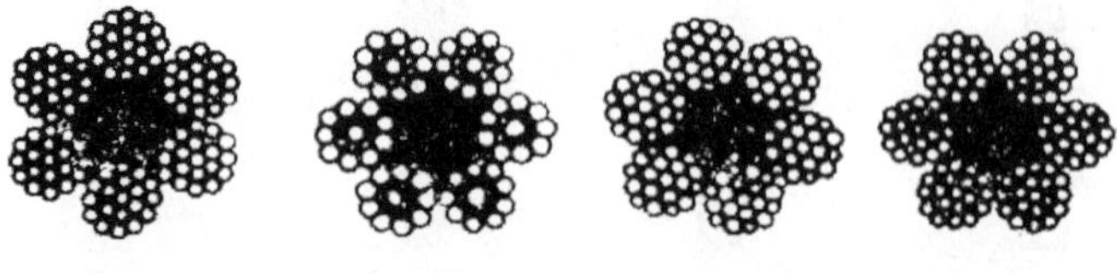

(a) 点接触绳　　(b) 外粗式　　(c) 粗细式　　(d) 填充型

图 4-3　双绕绳

4. 按股中相邻二层钢丝的接触状态分类

1）点接触钢丝绳。如图 4-3（a），绳股中各层钢丝直径相同，每层钢丝的螺旋升角近似相等。为了使各层钢丝有稳定的位置，内外各层钢丝的捻距不同，互相交叉，在交叉点上接触。这种钢丝绳在反复弯曲时钢丝容易磨损折断。

2）线接触钢丝绳。如图 4-3（b），这种钢丝绳股中的钢丝直径不同，但每层钢丝的节距相同，外层钢丝位于内层钢丝的沟槽中，内外钢丝的接触形成一条螺旋线。线接触钢丝间接触应力小、磨损小、钢丝绳寿命长，钢丝之间相互滑动容易，改善了钢丝绳挠性。钢丝绳有可能选用较小的直径，从而可以选用较小的卷筒、滑轮、减速器，以减小起升机构的尺寸与重力。

3）面接触钢丝绳。如图 4-4 所示，面接触钢丝绳在捻绕后，相邻钢丝形成接触面。所用钢丝首先制成异型截面（如梯形、S 形等），其优点与线接触钢丝绳比更显著，缺点是制造工艺复杂，故在起重机上较少采用。

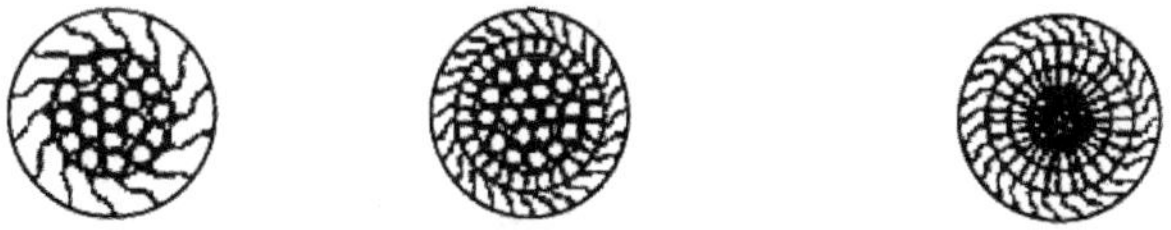

(a) 一层S形　(b) 一层梯形、一层S形　(c) 两层梯形、一层S形

图 4-4　面接触钢丝绳

5. 按钢丝绳捻绕的方向分类

1）顺绕绳。如图 4-5（a）、（c）所示，由钢丝绕成股和由股绕成绳的绕向相同。它的挠性好、寿命长，适用于有刚性导轨和经常保持张紧的地方。但有强烈扭转的趋势，容易自行松散、打结，故不宜用作起重绳。

2）交绕绳。如图 4-5（b）、（d）所示，由钢丝捻成股的捻制螺旋方向与由股捻成绳的方向相反。外观上钢丝基本顺着绳的轴线方向。这种钢丝绳股与绳的扭转趋势互相抵消，起吊重物时不易扭转和松散，因而被广泛用作起重绳。但它存在股间外层钢丝接触不良、易磨损、寿命短、挠性较差等缺点。

3）混绕绳。如图 4-5（e）所示，这种钢丝绳是由两种相反绕向的股捻制而成的。其性能介于顺绕、交绕绳之间，由于制造工艺复杂，很少采用。

(a) 左同向绕　(b) 左交互绕　(c) 右同向绕　(d) 右交互绕　(e) 混合绕

图 4-5　钢丝绳的绕向

6. 按钢丝绳中股的数目分类

按钢丝绳中股的数目分类，有 4 股绳、6 股绳、8 股绳和 18 股绳等。目前，起重机上大多采用 6 股的钢丝绳，施工现场常用钢丝绳断面如图 4-6 所示。

(a) 6×19S+FC　(b) 6×19S+IWR　(c) 6×19W+FC　(d) 6×19W+IWR

图 4-6　6×19 钢丝绳断面图

7. 按钢丝表面情况分类

按钢丝表面情况分类，有光面钢丝制的、镀锌钢丝制的等。一般场合用光面钢丝制的钢丝绳，腐蚀的场合用镀锌钢丝制的钢丝绳。

起重机常用钢丝绳结构形式见表 4-1。

表 4-1　起重机常用钢丝绳结构形式

设备名称	钢丝绳名称	钢丝绳结构形式
普通起重机	点接触型钢丝绳	6×19＋NF，6×19＋NF
	线接触型钢丝绳	6×19S，6×19W，6×25Fi，6×29Fi，6×31SW，6×36SW，6×37SW，6×41SW，6×49SWS，6×55SWS，8×19S，8×19W，8×25Fi，8×26SW，8×31SW，8×36SW，8×41SW，8×49SW，8×55SWS
	4 股扇形股钢丝绳	4V×39S，4V×48S
大型铸造起重机	3 股钢丝绳	6×37S，6V×36，6V×43，6×19S＋1WR，6×19W＋1WR6×36SW＋1WR，6×41SW＋1WR，6×25＋1WR
建筑塔式起重机	4 股扇形股钢丝绳	4V×39S，4V×48S
	多层股钢丝绳	18×19，18×19S，18×19W，34×7，36×7

（二）钢丝绳的标记

根据《钢丝绳术语、标记和分类》（GB/T 8706—2017），钢丝绳的标记格式如图 4-7 所示。

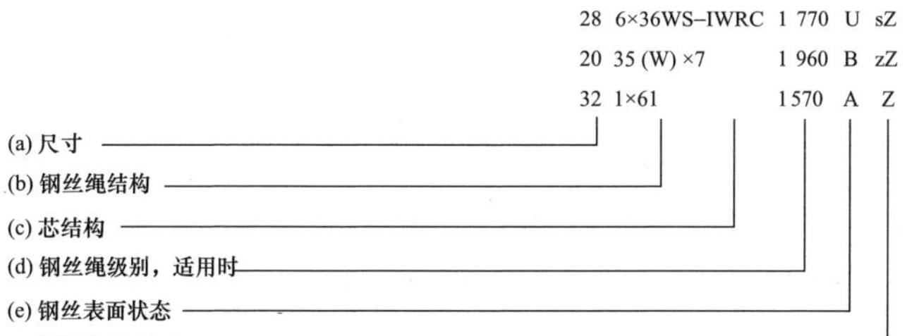

图 4-7　钢丝绳的标记格式

（三）钢丝绳的使用要求

1. 钢丝绳的选用

钢丝绳的工作寿命是随起重机的特性、工作条件和用途而变化的。凡要求钢丝绳寿命长的场合，均应采用较大的安全系数和弯曲比（D/d，卷筒或滑轮直径与钢丝绳直径之比）。建筑起重机的作业条件使钢丝绳极容易受到意外的损伤，因此在选择钢丝绳时就应考虑这一因素。

钢丝绳的选用应遵循下列原则：

1）能承受所要求的拉力，保证足够的安全系数；

2）能保证钢丝绳受力不发生扭转；

3）耐疲劳，能承受反复弯曲和振动作用；

4）有较好的耐磨性能；

5）与使用环境相适应，如：

（1）高温或多层缠绕的场合宜选用金属芯；

（2）高温、腐蚀严重的场合宜选用石棉芯；

（3）有机芯易燃，不能用于高温场合；

6）必须有产品检验合格证。

2. 钢丝绳安全系数

在钢丝绳受力计算和选择钢丝绳时，考虑到钢丝绳受力不均、负荷不准确、计算方法不精确和使用环境较复杂等一系列不利因素，应给予钢丝绳一个储备能力。因此，确定钢丝绳的受力时必须考虑一个系数，作为储备能力，这个系数就是选择钢丝绳的安全系数。起重用钢丝绳必须预留足够的安全系数是基于以下因素确定的：

1）钢丝绳的磨损、疲劳破坏、锈蚀、不恰当使用、尺寸误差、制造质量缺陷等不利因素带来的影响；

2）钢丝绳的固定强度达不到钢丝绳本身的强度；

3）由于惯性及加速作用（如启动、制动、振动等）而造成的附加荷载的作用；

4）由于钢丝绳通过滑轮槽时的摩擦阻力作用；

5）吊重时的超载影响；

6）吊索及吊具的超重影响；

7）钢丝绳在绳槽中反复弯曲而造成的危害的影响。

钢丝绳的安全系数是不可缺少的安全储备，绝不允许凭借这种安全储备而擅自提高钢丝绳的最大允许安全荷载，钢丝绳的安全系数见表 4-2。

表 4-2　钢丝绳的安全系数

用途	安全系数	用途	安全系数
用于缆风绳	3.5	作吊索、无弯曲时	6～7
用于手动起重设备	4.5	作捆绑吊索	8～10
用于机动起重设备	5～6	用于载人的升降机	8～10

3. 钢丝绳的存储、展开和安装

1）钢丝绳的存储。

（1）运输过程中，应注意不要损坏钢丝绳表面。为了避免意外事故发生，钢丝绳应谨慎小心地卸货。卷盘或绳卷既不允许坠落，也不允许用金属吊钩或叉车的货叉插入钢丝绳。

（2）钢丝绳应存储于清洁、干燥和无污染的仓库里，绝不允许存储在易受化学烟雾、蒸汽或其他腐蚀剂侵袭的场所，并应堆放在有木地板或沥青、混凝土的地面上，成卷的钢丝绳应竖立放置（即卷轴与地面平行），不得平放。

（3）如果户外储藏不可避免，则钢丝绳下应垫木方，上面加以覆盖以免湿气导致锈蚀。

（4）储藏的钢丝绳应定期检查，如有必要，应对钢丝绳进行包扎。

2）钢丝绳的展开。

（1）展开。

当钢丝绳从卷盘或绳卷展开时，应采取各种措施避免绳的扭转或降低钢丝绳扭转的程度。因为钢丝绳扭转可能会在绳内产生结环、扭结或弯曲的状况。为避免发生这种状况，对钢丝绳应采取保持张紧呈直线状态的措施，使钢丝绳按顺序缓慢地释放出来，切勿由平放在地面的绳卷或卷盘释放钢丝绳（图 4-8）。

图 4-8　钢丝绳展开的正确方法

① 当由钢丝绳卷直接往起升机构卷筒上缠绕时，应把整卷钢丝绳架在专用的支架上，松卷时的旋转方向应与起升机构卷筒上绕绳的方向一致；卷筒上绳槽的走向应同钢丝绳的捻向相适应。

② 在钢丝绳松卷和重新缠绕过程中，应避免钢丝绳与污泥接触，以防止钢丝绳生锈。

③ 钢丝绳严禁与电焊线碰触。

（2）钢丝绳的扎结与截断。

① 在截断钢丝绳时，宜使用专用刀具或砂轮锯截断，较粗钢丝绳可用乙炔切割。如图 4-9 所示，截断钢丝绳时，要在截分处进行扎结，扎结绕向必须与钢丝绳股的绕向相反，扎结须紧固，以免钢丝绳在断头处松开。

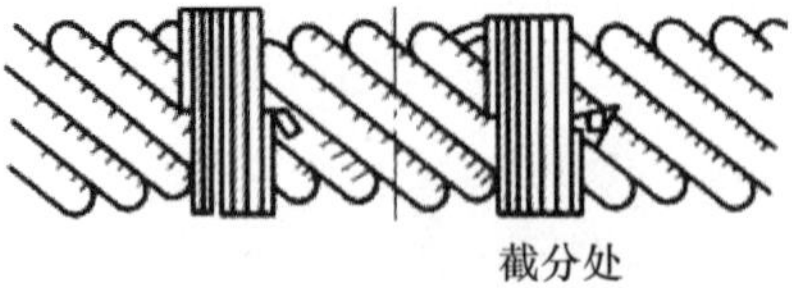

图 4-9　钢丝绳扎结截断

② 为确保阻旋转钢丝绳的安装无旋紧或旋松现象，应对其给予特别关注，且任何切断应是安全可靠和防止松散的。

③ 扎结宽度随钢丝绳直径大小而定，直径为 15～24mm，扎结宽度应不小于 25mm；直径为 25～30mm，扎结宽度应不小于 40mm；直径为 31～44mm，扎结宽度不得小于 50mm；直径为 45～51mm，扎结长度不得小于 75mm。扎结处与截断口之间的距离应不小于 50mm。

3）钢丝绳的安装。

（1）安装。

① 钢丝绳在安装时不应随意乱放，在安装的时候，钢丝绳应总是同向弯曲，亦即从卷盘顶端到卷筒顶端，或从卷盘底部到卷筒底部处释放均应同向。

② 如果在安装期间起重机的任何部分对钢丝绳产生摩擦，则接触部位应采取有效的保护措施。

（2）钢丝绳的穿绕。

钢丝绳的使用寿命，在很大程度上取决于穿绕方式是否正确，因此，要由训练有素的技工细心地进行穿绕，并应在穿绕时将钢丝绳涂满润滑脂。

穿绕钢丝绳时，必须注意检查钢丝绳的捻向。如俯仰变幅动臂式塔机的臂架拉绳捻向必须与臂架变幅绳的捻向相同。起升钢丝绳的捻向必须与起升卷筒上的钢丝绳绕向相反。

（3）钢丝绳的连接和固定。

钢丝绳与其他零构件连接或终端固定，应特别小心确保安全可靠且应符合使用要求，连接或固定部位应达到相应的强度和安全要求。常用的连接和固定方式如图 4-10 所示。

① 编结连接，如图 4-10（a）所示，编结长度不应小于钢丝绳直径的 20 倍，且不应小于 300mm；连接强度不小于钢丝绳破断拉力的 75%。

② 楔块、楔套连接，如图 4-10（b）所示，钢丝绳一端绕过楔块，利用楔块在套筒内的锁紧作用使钢丝绳固定。固定处的强度约为绳自身强度的 75%～85%。楔套应用钢材制造，

连接强度不小于钢丝绳破断拉力的75%。

③ 锥形套浇铸法，如图4-10（c）、图4-10（d）所示，先将钢丝绳拆散，切去绳芯后插入锥套内，再将钢丝绳末端弯成钩状，然后灌入熔融的铅液，最后经过冷却即成。

④ 绳夹连接，如图4-10（e）所示，绳夹连接简单、可靠，被广泛应用。用绳夹固定时，如图4-11所示，应注意绳夹数量、绳夹间距、绳夹的方向和固定处的强度；连接强度不小于钢丝绳破断拉力的85%；绳夹数量应根据钢丝绳直径满足表4-3的要求；绳卡压板应在钢丝绳长头一边，绳卡间距不应小于钢丝绳直径的6倍。

表4-3 钢丝绳夹数量

绳夹规格（钢丝绳直径/mm）	≤18	>18～26	>26～36	>36～44	>44～60
绳夹最少数量（个）	3	4	5	6	7

⑤ 铝合金套压缩法，如图4-10（f）所示，钢丝绳末端穿过锥形套筒后松散钢丝，将头部钢丝弯成小钩，浇入金属液凝固而成。其连接应满足相应的工艺要求，固定处的强度与钢丝绳自身的强度大致相同。

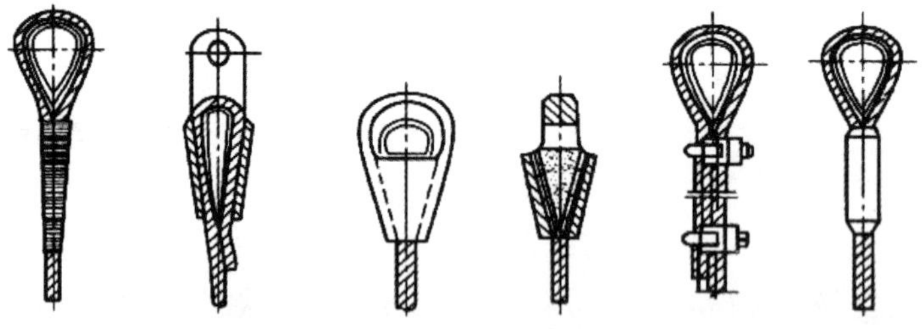

(a) 编结连接 (b) 楔块、楔套连接 (c) 锥形套浇铸法 (d) 锥形套浇铸法 (c) 绳夹连接 (f) 铝合金套压缩法

图4-10 钢丝绳的连接和固定方式

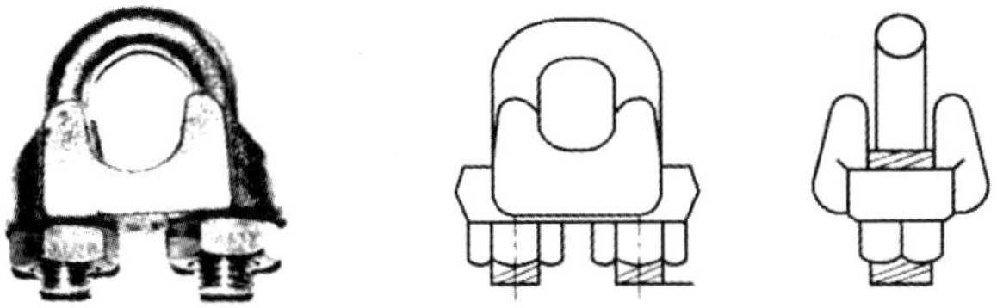

图 4-11　钢丝绳夹

（4）钢丝绳的维护。

① 钢丝绳在卷筒上应按顺序整齐排列。

② 荷载由多根钢丝绳支承时，应设有各根钢丝绳受力的均衡装置。

③ 起升机构和变幅机构，不得使用编结接长的钢丝绳。使用其他方法接长钢丝绳时，必须保证接头连接强度不小于钢丝绳破断拉力的 90%。

④ 起升高度较大的起重机，宜采用不旋转、无松散倾向的钢丝绳。采用其他钢丝绳时，应有防止钢丝绳和吊具旋转的装置或措施。

⑤ 当吊钩处于工作位置最低点时，钢丝绳在卷筒上的缠绕，除固定绳尾的圈数外，必须不少于 3 圈。

⑥ 吊运熔化或炽热金属的钢丝绳，应采用石棉芯等耐高温的钢丝绳。

⑦ 对钢丝绳应防止损伤、腐蚀或其他物理、化学因素造成的性能降低。

⑧ 钢丝绳开卷时，应防止打结或扭曲。

⑨ 钢丝绳切断时，应有防止绳股散开的措施。

⑩ 安装钢丝绳时，不应在不洁净的地方拖线，也不应缠绕在其他的物体上，应防止划、磨、碾、压和过度弯曲。

⑪ 钢丝绳应保持良好的润滑状态。所用润滑剂应符合该绳的要求，并且不影响外观检查。润滑时应特别注意不易看到

和润滑剂不易渗透到的部位，如平衡滑轮处的钢丝绳。

⑫ 领取钢丝绳时，必须检查该钢丝绳的合格证，以保证机械性能、规格符合设计要求。

⑬ 对日常使用的钢丝绳每天都应进行检查，包括对端部的固定连接、平衡滑轮处的检查，并作出安全性的判断。

⑭ 对钢丝绳定期进行系统润滑，可保证钢丝绳的性能，延长钢丝绳的使用寿命。润滑之前，应将钢丝绳表面上积存的污垢和铁锈清除干净，最好用镀锌钢丝刷将钢丝绳表面刷净。钢丝绳表面越干净，润滑脂就越容易渗透到钢丝绳的内部去，润滑效果就越好。钢丝绳润滑的方法有刷涂法和浸涂法。刷涂法就是人工专用刷子，把加热的润滑脂涂刷在钢丝绳的表面上。浸涂法就是将润滑脂加热到 60℃，然后使钢丝绳通过一组导辊装置被张紧，同时使之缓慢地在容器里熔融确保在润滑脂中通过。

（5）钢丝绳的检验检查。

由于起重钢丝绳在使用过程中经常、反复受到拉伸、弯曲，当拉伸、弯曲的次数超过一定数值后，会使钢丝绳出现一种叫“金属疲劳”的现象，于是钢丝绳开始很快地损坏。同时由于钢丝绳受力伸长时钢丝绳之间的摩擦，绳与滑轮槽底、绳与起吊件之间的摩擦等，钢丝绳使用一定时间后就会出现磨损、断丝现象。此外，由于使用、存储不当，也可能造成钢丝绳的扭结、退火、变形、锈蚀、表面硬化、松捻等。要想在各种情况下正确操作起重机，安全搬运货物，就需要定期检查钢丝绳，以便适时更换，目的是使起重机用钢丝绳始终有足够的安全系数。钢丝绳的检查包括外部检查与内部检查两部分。

① 钢丝绳外部检查。

直径检查：直径是钢丝绳极其重要的参数。通过对直径测量，可以反映该处直径的变化速度、钢丝绳是否受到过较大的荷载冲击、捻制时股绳张力是否均匀一致、绳芯对股绳是否保持了足够的支撑能力。检查钢丝绳直径应用带有宽钳口的游标卡尺测量，其钳口的宽度要足以跨越两个相邻的股，如图 4-12 所示。

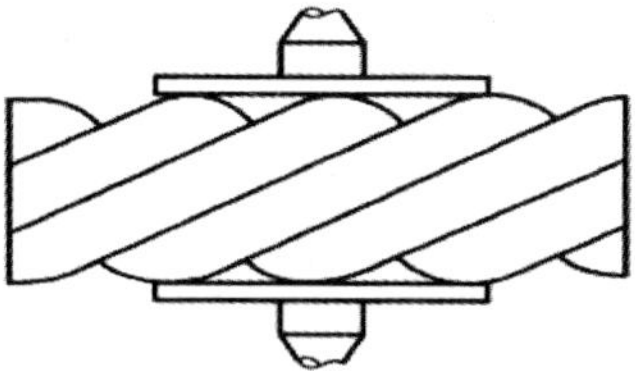

图 4-12　钢丝绳直径测量方法

磨损检查：钢丝绳在使用过程中产生磨损现象不可避免。对钢丝绳进行磨损检查，可以了解钢丝绳与匹配轮槽的接触状况，在无法随时进行性能试验的情况下，根据钢丝磨损程度的大小推测钢丝绳实际承载能力。钢丝绳的磨损情况检查主要靠目测。

断丝检查：钢丝绳在投入使用后，肯定会出现断丝现象，尤其是到了使用后期，断丝发展速度会迅速上升。钢丝绳在使用过程中一旦出现断丝现象即停止继续运行，因此，通过断丝检查，尤其是对一个捻距内断丝情况的检查，不仅可以推测钢丝绳继续承载的能力，而且根据出现断丝根数发展速度，间接预测钢丝绳的使用寿命。钢丝绳的断丝情况检查主要靠目测。

润滑检查：通常情况下，新出厂钢丝绳大部分在生产时已经进行了润滑处理，但在使用过程中，润滑脂会流失、减少。鉴于润滑不仅能够对钢丝绳在运输和存储期间起到防腐保护作用，而且能够减少钢丝绳使用过程中钢丝之间、股绳之间和钢丝绳与匹配轮槽之间的摩擦，对延长钢丝绳使用寿命十分有益，因此，为把腐蚀、摩擦对钢丝绳的危害降低到最低程度，进行润滑检查十分必要。钢丝绳的润滑情况检查主要靠目测。

② 钢丝绳内部检查。

对钢丝绳进行内部检查要比进行外部检查困难得多，但由于内部损坏（主要由锈蚀和疲劳引起的断丝）隐蔽性更大，因此，为保证钢丝绳安全使用，必须在适当的部位进行内部检查。

如图 4-13 所示，检查时将两个尺寸合适的夹钳相隔 100～200mm 夹在钢丝绳上反方向转动，股绳便会脱起。操作时，必须十分仔细，以避免股绳被过度移位造成永久变形（导致钢丝绳结构破坏）。

如图 4-14 所示，小缝隙出现后，用螺钉旋具之类的探针拨动股绳并把妨碍视线的油脂或其他异物拨开，对内部润滑、钢丝锈蚀、钢丝及钢丝间相互运动产生的磨痕等情况进行仔细检查。检查断丝一定要认真，因为钢丝断头一般不会翘起而不容易被发现。检查完毕后，稍用力转回夹钳，以使股绳完全恢复到原来位置。如果上述过程操作正确，钢丝绳不会变形。对靠近绳端的绳段特别是对固定钢丝绳应加以注意，诸如支持绳或悬挂绳。

图 4-13　对一段连续钢丝绳做内部检验（张力为零）

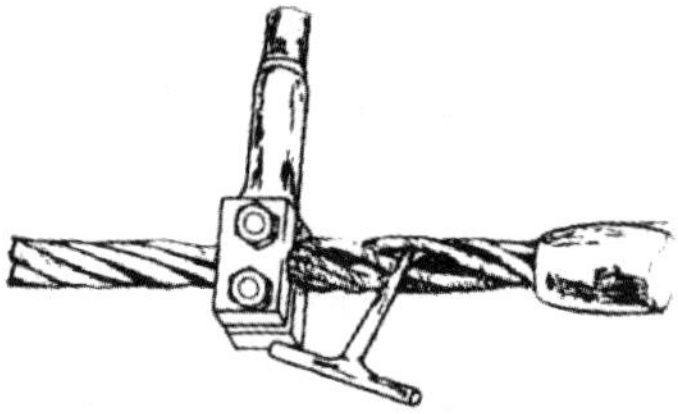

图 4-14　对靠近绳端装置的钢丝绳尾部做内部检验（张力为零）

（6）钢丝绳使用条件检查。

前面叙述的检查仅是对钢丝绳本身而言的，这只是保证钢丝绳安全使用要求的一个方面。除此之外，必须对钢丝绳使用的外围条件——缠绕钢丝绳的卷筒和滑轮做定期检查，以确保这些部位的正常运转，还应对匹配轮槽的表面磨损情况、轮槽几何尺寸及转动灵活性进行检查，若滑轮槽底半径太大或太小，与钢丝绳公称直径不匹配，应重新加工绳槽或更换滑轮，以保证钢丝绳在运行过程中与其始终处于良好的状态。

（7）钢丝绳的报废。

起重机的总体设计不允许钢丝绳有无限长的使用寿命。

起重机用钢丝绳应视为易损件，在各种使用条件下，可直接采用有关断丝、磨损、腐蚀和变形等报废标准。当检验其不符合规范要求时，即应予以报废、更换。

钢丝的性质和数量：对于 6 股和 8 股的钢丝绳，断丝通常发生在外表面。对于阻旋转钢丝绳，断丝大多发生在内部，应特别注意出现润滑油发干或变质现象的局部区域。

绳端断丝：绳端或其邻近的断丝，尽管数量很少但表明该处的应力很大，可能是绳端不正确的安装所致，应查明损坏的原因，重新安装或报废。

断丝的局部聚集：如断丝紧靠在一起形成局部聚集，则钢丝绳应报废。

断丝的增加率：可定期仔细检验并记录断丝数，以此为据可推定钢丝绳未来报废的日期。

绳股断裂：如果整支绳股发生断裂，钢丝绳应立即报废。

绳径减小（包括从绳芯损坏所致的情况）：由于绳芯的损坏引起钢丝绳直径减小，阻旋转钢丝绳实测直径比公称直径减小 3%，或其他类型的钢丝绳减小 10%，即使没有可见的断丝，钢丝绳也应报废。

弹性降低：钢丝绳弹性降低后，手感会明显僵硬且直径减小，可导致钢丝绳在动载作用下突然断裂，是钢丝绳立即报废的充分理由。

外部和内部磨损：钢丝绳外部的磨损使钢丝绳实际直径比公称直径减小 7%或更多时，即使无可见断丝，钢丝绳也应报废。

外部和内部锈蚀：如目测发现外部钢丝的锈蚀引起的钢丝松弛，钢丝绳应立即报废。如经确认有严重的内部腐蚀，钢丝绳应立即报废。

变形：

一般情况：钢丝绳失去它的正常形状而产生可见的畸形称为“变形”，这种变形会导致钢丝绳内部应力分布不均匀。

波浪形：波浪形变形严重时，可能产生跳动造成钢丝绳传动不规则。长期工作之后，会引起磨损加剧和断丝。

笼状畸变：篮形或笼状畸变也称“灯笼形”，有笼状畸变的钢丝绳应立即报废。

有绳芯或绳股挤出（隆起）或扭曲、有钢丝挤出、绳径局部增大使钢丝绳实际直径增加5%以上、局部压扁、扭结、弯折，应仔细进行检查或立即报废。

二、其他索具

在起重作业中，常使用绳索绑扎、搬运和提升重物，它与取物装置（如吊钩、吊环、卸扣）组成各种吊具。

（一）白棕绳、尼龙绳及涤纶绳

1. 白棕绳

1）白棕绳的用途和特点。

白棕绳是起重作业中常用的轻便绳索，具有质地柔软、携带方便和容易绑扎等优点，但其强度比较低。一般白棕绳的抗拉强度仅为同直径钢丝绳的10%左右，易磨损。

白棕绳有涂油和不涂油之分。涂油的白棕绳抗潮湿、防腐性能较好，其强度比不涂油的白棕绳一般要低10%～20%；不涂油的白棕绳在干燥情况下，强度高、弹性好，但受潮后强度降低约50%。白棕绳有3股、4股和9股捻制，特殊情况下有12股捻制，其中最常用的是3股捻制品。

2）白棕绳使用注意事项。

（1）白棕绳一般用于重力较轻物件的捆绑、滑车作业绳索等，起重机械或受力较大的作业不得使用白棕绳。

（2）使用前，必须查明允许拉力，严禁超负荷使用。

（3）用于滑车组的白棕绳，为了减少其所承受的附加弯曲力，滑轮的直径应比白棕绳直径大10倍以上。

（4）使用中，如果发现白棕绳连续向一个方向扭转时，应抖直，有绳结的白棕绳不得穿过滑车。

（5）在绑扎各类物件时，应避免白棕绳直接和物件的尖锐边缘接触，接触处应加麻袋、帆布或薄铁皮、木片等衬物。

（6）不得在尖锐、粗糙的物件上或地上拖拉。

（7）穿过滑轮时，不应脱离轮槽。

（8）应储存在干燥和通风好的库房内，避免受潮或高温烘烤；不得将白棕绳和有腐蚀作用的化学物品（如碱、酸等）接触。

2. 尼龙绳和涤纶绳

1）尼龙绳和涤纶绳可用来捆绑、吊运表面粗糙度要求高的机械零部件及有色金属制品。

2）尼龙绳和涤纶绳具有重力轻、质地柔软、弹性好、强度高、耐腐蚀、耐油、不生蛀虫及霉菌、抗水性能好等优点。其缺点是不耐高温，使用中应避免高温及锐角损伤。

3）尼龙绳、涤纶绳安全系数可根据工作使用状况和重要程度选取，但不得小于6。

（二）吊索

吊索又称千斤索，在建筑行业中主要用于绑扎构件以便起吊，常用钢丝绳作成一种吊具，通常称为“吊索”，也称为千斤绳、带子绳、绳套、栓绳和吊带。

1. 吊索的作用

一般吊索用于把物体连接在吊钩、吊环上或用来固定滑轮卷扬机等起吊机具。吊索有封闭式和开口式两种，如图4-15所示。

2. 吊索的使用方法

1）兜法。

这是一种常用的、简单的起吊方法，适用于吊运包装物和块状设备等，如图4-16（a）所示。

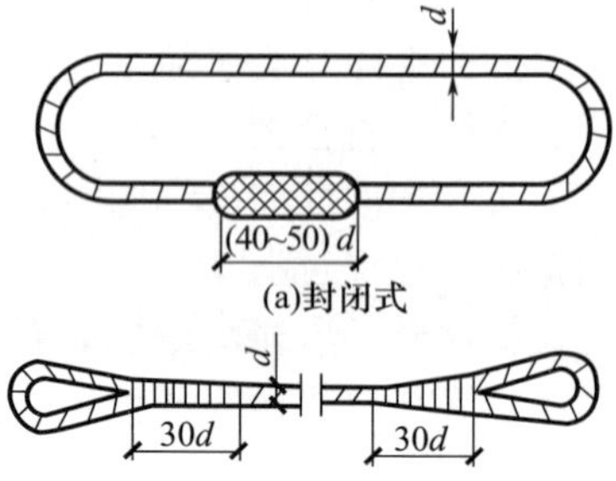

图 4-15　吊索

2）套捆法。

这种方法用于一次吊装数个包装物体，可避免中途散落，如图 4-16（b）所示。在吊运过程中，千斤绳会收紧，不易保持物体平衡。因此，吊装前应试吊一次，如不平衡，应妥善移动吊索使其平衡。

3）八字栓法。

这种方法用于吊装长形的设备。为了防止打滑，吊索加绕“空道”一圈，如图 4-16（c）所示。

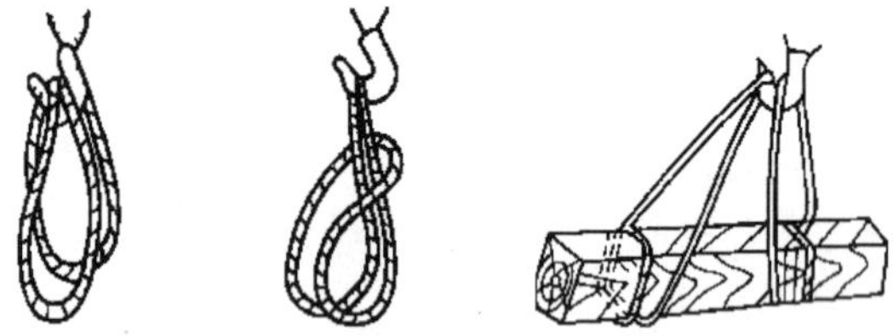

图 4-16　吊索的用法

（三）合成纤维吊装带

1. 合成纤维吊装带的特点

起重吊具合成纤维吊装带也称扁平编织吊装带，如图 4-17

所示。其主要材料为聚酰胺、聚酯、聚丙烯等，具有强度高、不易对吊运物表面形成损伤的特点。

合成纤维吊装带的标准宽度系列为：25mm、35mm、50mm、75mm、100mm、150mm、200mm、300mm。其安全工作荷载为1～50t。在使用时，应根据吊装带的额定荷载数据及吊装方式来决定所吊装的最大安全工作荷载。常用的合成纤维吊装带分柔性吊带、扁平吊带；扁平吊带分为环形扁平吊带、双扣扁平吊带。

图 4-17　合成纤维吊装带

2. 吊装带的使用与保养注意事项

1）吊装带在每次使用前必须进行检查，检查吊带表面是否有横向、纵向擦破或割断，边缘、软环及末端件是否有损坏，确认吊带良好方可进行吊运。

2）不要集中使用不带保护的拴结吊运方式。

3）不要将软环同任何可能对它造成损坏的装置连接起来。软环连接的吊运装置应是平滑的、无任何尖锐的边缘。

4）在吊运中严格遵守下列措施：

（1）在移动吊带和货物时，不要拖曳。

（2）不要使之打结。

（3）在承载时，不要使之打拧。

（4）不要使用没有护套的吊带承载有尖角、棱边的物体。

（5）不允许长时间悬挂物件。

5）几支吊带同时使用时，尽可能将荷载均匀分布在每支吊带上。

6）吊带被弄脏或在有酸、碱倾向环境中使用后，应立即用水冲洗干净。

7）吊带应存储在干燥和通风好的库房内，避免受潮或高温烘烤。

8）严禁随意修复损坏的吊带。

（四）常用绳索的打结方法

绳索在使用过程中，由于使用的场合不同，需要绳索打成各式各样的绳结，以满足不同的需求，几种常用绳结及其打结方法步骤见表4-4。

表4-4 常用绳结方法

序号	绳结名称	简图	用途及特点
1	直结（又称平结、交叉结、果子扣）		用于白棕绳两端的连接，连接牢固，中间放一短木棒易解
2	活结	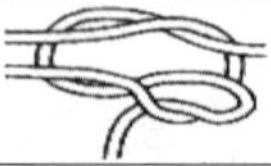	用于白棕绳需要迅速解开时
3	组合法（又称单帆索结，三角扣及单绕式双插结）		用于白棕绳的连接。比直结易结、易解
4	双重组合结（又称双帆结、多绕式双插结）	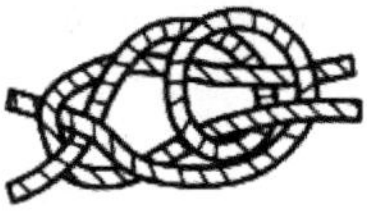	用于白棕绳两端有拉力时的连接。绳结牢靠
5	套连环结		将白棕绳与吊环连接在一起时用
6	海员结（又称琵琶结、航海结、滑子扣）	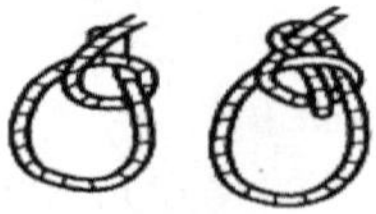	用于白棕绳绳头的固定，系结杆件或拖拉物件。绳结牢靠，易解，拉紧后不出死结
7	双套结（又称锁圈结）		用途同上，也可做吊索。结绳牢固可靠，结绳迅速，解开方便

续表

序号	绳结名称	简图	用途及特点
8	梯形结（又称八字扣、猪蹄扣、环扣）		在人字及三角桅杆拴拖拉绳，可在绳中段打结，也可抬吊重物。绳圈易扩大或缩小。绳结牢靠又易解
9	拴住结（又称锚固结）	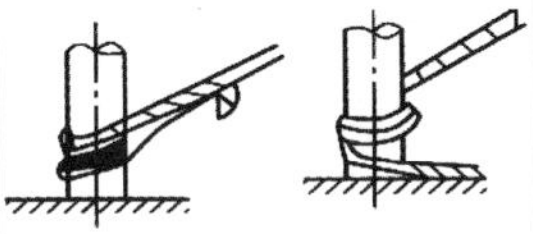	（1）用于缆风绳固定端绳结； （2）用于溜松绳结，可以在受力后慢慢放松，且活头应放在下面
10	双梯形结（又称鲁班结）	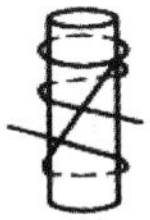	主要用于拔桩及桅杆绑扎缆风绳等，绳结紧且不易松脱
11	单套结（又称十字结）		固定绳索用
12	双套结（又称双十字结、对结）		用于绳端固定
13	抬扣（又称杠棒结）	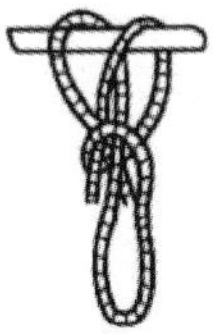	以白棕绳搬运轻量物件时用，抬起重物时绳自然缩紧。结绳、解绳迅速
14	死结（又称死圈扣）	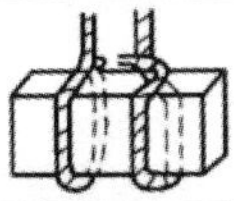	用于重物吊装捆绑，方便、牢固、安全
15	水手结	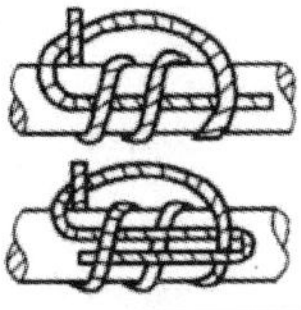	用于吊索直接系结杆件起吊。可自动勒紧，容易解开绳索

续表

序号	绳结名称	简图	用途及特点
16	瓶口结	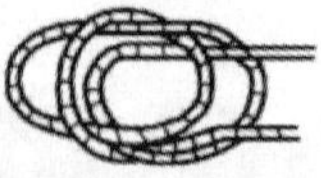	用于拴绑起吊圆柱形杆件，特点是越拉越紧
17	桅杆结	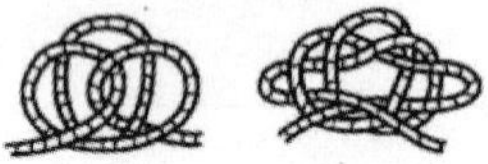	用于竖立桅杆，牢固可靠
18	抬缸结	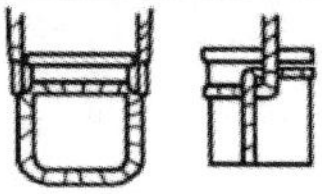	用于抬缸或吊运圆物件

第二节　常用吊具及使用要求

建筑起重吊装作业中常用的吊具主要有吊钩、卸扣、吊环、钢丝绳卡、吊链等。

一、吊钩

吊钩是起重作业中比较常用的吊物工具。它的优点是取物方便，工作安全可靠。吊钩若使用不当，容易造成损坏和折断而发生重大事故，因此，必须加强对吊钩进行经常性的安全技术检验。

（一）吊钩的分类

吊钩按制造方法可分为锻造吊钩和片式吊钩。锻造吊钩又可分为单钩和双钩，如图 4-18（a）、图 4-18（b）所示。单钩是一种比较常用的吊钩，它构造简单，使用也较方便，一般用于小起重量；双钩受力均匀对称，多用于较大的起重量，一般大于 80t 的起重量都采用双钩。锻造吊钩材料采用优质低碳镇静钢或低碳合金钢，如 20 号优质低碳钢、16Mn、20MnSi、36MnSi。片式吊钩由若干片厚度不小于 20mm 的 C3、20 号或

16Mn 的钢板铆接起来。

片式吊钩也有单钩和双钩之分，如图 4-18（c）和图 4-18（d）所示。片式吊钩比锻造吊钩安全，因为吊钩板片不可能同时断裂，个别板片损坏还可以更换。吊钩按钩身（弯曲部分）的断面形状可分为圆形、矩形、梯形和 T 字形断面吊钩。

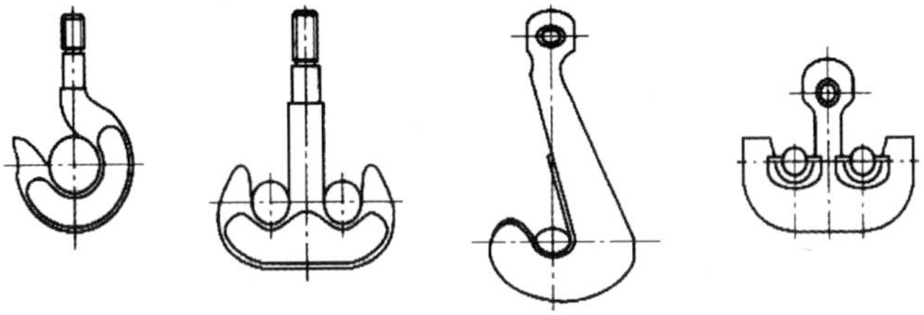

(a) 锻造单钩　(b) 锻造双钩　(c) 片式单钩　(d) 片式双钩

图 4-18　吊钩的种类

（二）吊钩的安全技术要求

1. 在起重吊装作业中使用的吊钩应有出厂合格证明，在低应力区应有额定起重量标记，表面要光滑，不能有剥裂、刻痕、锐角和裂纹等缺陷。

2. 吊钩不得进行超负荷作业，在使用吊钩与重物吊环相连接时，必须保证吊钩的位置和受力符合要求。

3. 吊钩的受力分析：

对吊钩的检验，必须先了解吊钩的危险断面所在，通过对吊钩的受力分析，可以了解吊钩的危险断面有三个。

如图 4-19 所示，假定吊钩上吊挂重物的重力为 Q。由于重物重力通过钢丝绳作用在吊钩的 Ⅰ—Ⅰ 断面

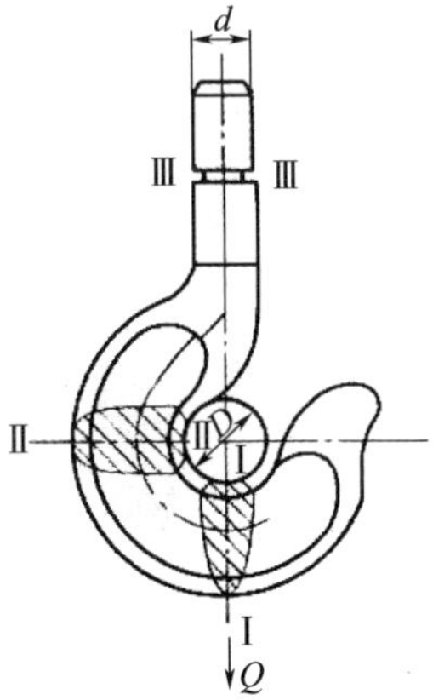

图 4-19　吊钩的危险断面

上，有把吊钩切断的趋势，该断面上受剪切应力；由于重力 Q 的作用，在Ⅲ—Ⅲ断面上，有把吊钩拉断的趋势，这个断面就是吊钩钩尾螺纹的退刀槽，受拉应力；由于 Q 对吊钩产生拉、剪切力之后，还有把吊钩拉直的趋势，也就是对Ⅰ—Ⅰ断面以左的各断面除受拉力以外，还受到力矩的作用，因此，Ⅱ—Ⅱ断面受 Q 的拉力，使整个断面受剪切应力，同时受力矩的作用。另外，Ⅱ—Ⅱ断面的内侧受拉应力，外侧受压应力。根据计算，内侧拉应力比外侧压应力大一倍多。所以，吊钩做成内侧厚、外侧薄就是这个道理。

4. 吊钩的检验：

吊钩的检验一般先用煤油洗净钩身，然后用 20 倍放大镜检查钩身是否有疲劳裂纹，特别对危险断面的检查要认真、仔细。钩柱螺纹部分的退刀槽是应力集中处，要注意检查有无裂缝。对板钩还应检查衬套、销子、小孔、耳环及其他紧固件是否有松动、磨损现象。对一些大型、重型起重机的吊钩还应采用无损探伤法检验其内部是否存在缺陷。

5. 吊钩的保险装置：

吊钩必须装有可靠防脱棘爪（吊钩保险），防止工作时索具脱钩，如图 4-20 所示。

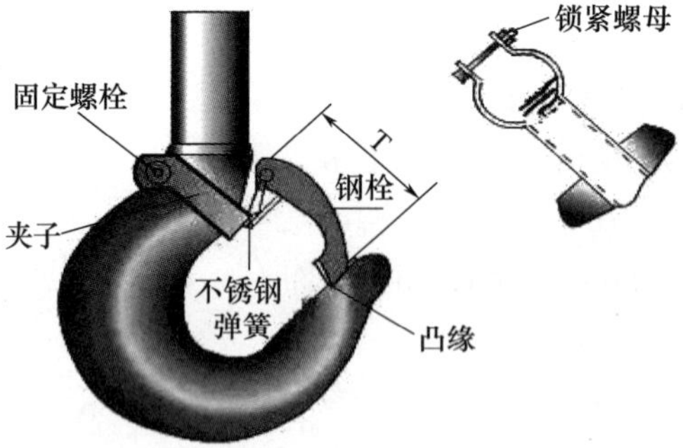

图 4-20　吊钩防脱棘爪

(三) 吊钩的报废

吊钩禁止补焊，有下列情况之一的，应予以报废：

1. 用 20 倍放大镜观察表面有裂纹及破口；
2. 钩尾和螺纹部分等危险截面及钩筋有永久性变形；
3. 挂绳处截面磨损量超过原高度的 10%；
4. 心轴磨损量超过其直径的 5%；
5. 开口度比原尺寸增加 15%。

二、卸扣

卸扣又称卸甲或卡环，用于吊索、构件或吊环之间的连接，它是起重作业中应用广泛且较灵便的栓连工具。

(一) 卸扣的分类

卸扣按其外形分为 D 形卸扣和弓形卸扣，如图 4-21 所示。

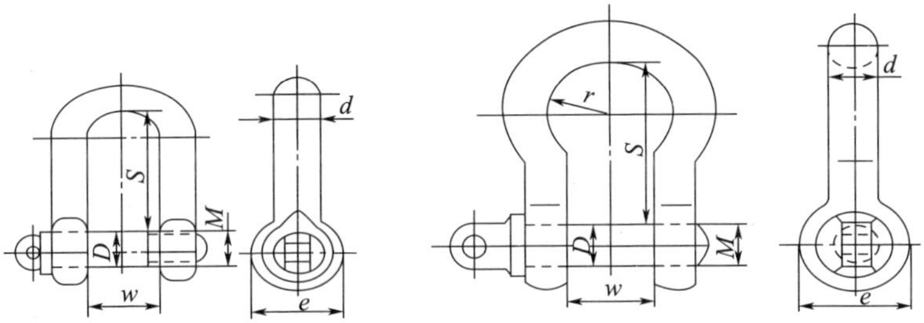

(a) D型卸扣　　(b) 弓形卸扣

图 4-21　卸扣

按活动销轴的形式可分为销子式和螺栓式，常用的是螺栓式。

(二) 卸扣安全使用要求

1. 卸扣必须是锻造的，一般是用 20 号钢锻造后经过热处理而制成的，以便消除残余应力和增加其韧性，不能使用铸造和补焊的卸扣。

2. 使用时不得超过规定的荷载，应使销轴与扣顶受力，不能横向受力，因横向使用会造成扣体变形，使承载能力大大降低。

3. 吊装时使用卸扣绑扎，在吊物起吊时应使扣顶在上，销轴在下，如图 4-22 所示，使绳扣受力后压紧销轴，销轴因受力，在销孔中产生摩擦力，使销轴不易脱出。

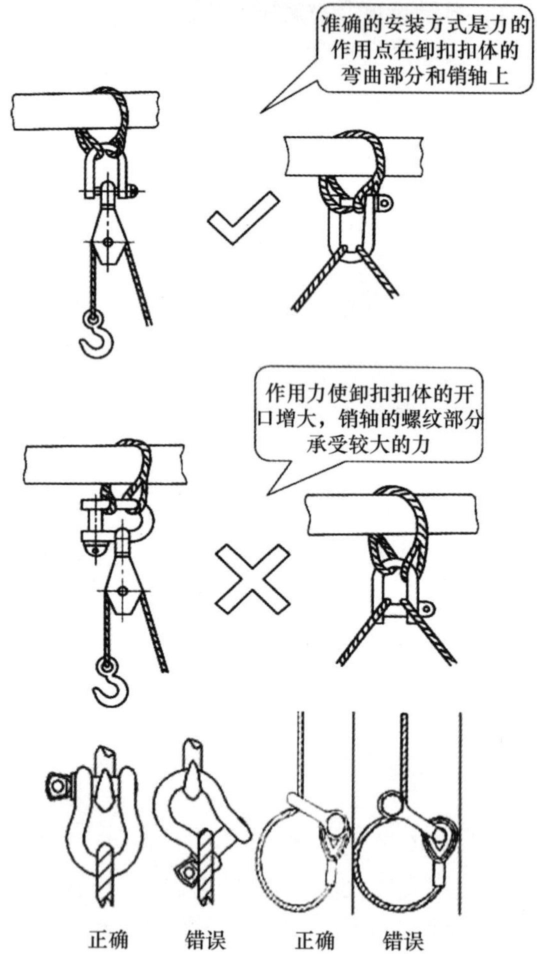

图 4-22　卸扣使用示意图

4. 不得从高处往下抛掷卸扣，以防止卸扣落地碰撞而变形或内部产生损伤及裂缝。

（三）卸扣的报废

卸扣出现下列情况之一时，应予以报废：

1. 裂纹；
2. 磨损达原尺寸的10%；
3. 本体变形达原尺寸的10%；
4. 横销变形达原尺寸的5%；
5. 螺栓坏丝或滑丝；
6. 卸扣不能闭锁。

三、滑车和滑车组

滑车和滑车组是起重吊装、搬运作业中较常用的起重工具。滑车一般由吊钩（链环）、滑轮、轴、轴套和夹板等组成。

（一）滑车

1. 滑车的种类

滑车按滑轮的多少，可分为单门（一个滑轮）、双门（两个滑轮）和多门等几种；按连接件的结构形式不同，可分为吊钩形、链环形、吊环形、吊梁形四种；按滑车的夹板形式分，有开口滑车和闭口滑车两种。如图4-23所示。开口滑车的夹板可以打开，便于装入绳索，一般都是单门，常用在拔杆脚等处作导向用。滑车按使用方式不同，又可分为定滑车和动滑车两种。定滑车在使用中是固定的，可以改变用力的方向，但不能省力；动滑车在使用中是随着重物移动而移动的，能省力，但不能改变力的方向。

2. 滑车的允许荷载

滑车的允许荷载，可根据滑轮和轴的直径确定。一般滑车上都标明了，使用时应根据其标定的数值选用，同时滑轮直径还应与钢丝绳直径匹配。

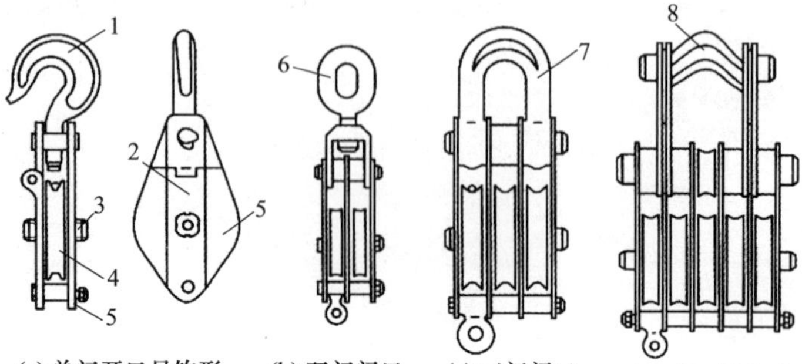

(a) 单门开口吊钩形　(b) 双门闭口链环形　(c) 三门闭口吊环形　(d) 五门吊梁形

图 4-23　滑车

1—吊钩；2—拉杆；3—轴；4—滑轮；5—夹板；6—链环；7—吊环；8—吊梁

双门滑车的允许荷载为同直径单门滑车允许荷载的 2 倍，三门滑车为单门滑车的 3 倍，以此类推。同样，多门滑车的允许荷载就是它的各滑轮允许荷载的总和。因此，如果知道某一个四门滑车的允许荷载为 20t，则其中一个滑轮的允许荷载为 5t。即对于这四门滑车，若工作中仅用一个滑轮，只能负担 5t；用两个，只能负担 10t，只有四个滑轮全用时才能负担 20t。

（二）滑车组

滑车组是由一定数量的定滑车和动滑车及绕过它们的绳索组成的简单起重工具。它能省力也能改变力的方向。

1. 滑车组的种类

滑车组根据跑头引出的方向不同，可以分为跑头自动滑车引出和跑头自定滑车引出两种。图 4-24（a）为跑头自动滑车引出，这时用力的方向与重物移动的方向一致；图 4-24（b）为跑头自定滑车引出，这时用力的方向与重物移动的方向相反。在采用多门滑车进行吊装作业时，常采用双联滑车组，如图 4-24（c）所示，双联滑车组有两个跑头，可用两台卷扬机同时牵引，其速度快一倍，滑车组受力比较均衡，滑车不易倾斜。

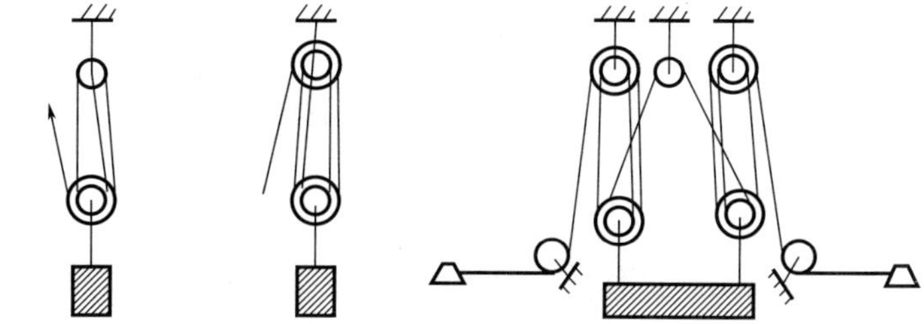

图 4-24　滑车组的种类

2. 滑车组绳索的穿法

滑车组绳索有普通穿法和花穿法两种，如图 4-25 所示。普通穿法是将绳索自一侧滑轮开始，顺序地穿过中间的滑轮，最后从另一侧的滑轮引出，如图 4-25（a）所示。滑车组在工作时，由于两侧钢丝绳的拉力相差较大，跑头 7 的拉力最大，第 6 根为次，顺次至固定头受力最小，所以滑车在工作中不平稳。如图 4-25（b）所示，花穿法的跑头从中间滑轮引出，两侧钢丝绳的拉力相差较小，所以能克服普通穿法的缺点。在用“三三”以上的滑车组时，最好用花穿法。滑车组中动滑车上穿绕绳子的根数，习惯上叫“走几”，如动滑车上穿绕三根绳子，叫“走三”，穿绕四根绳子叫“走四”。

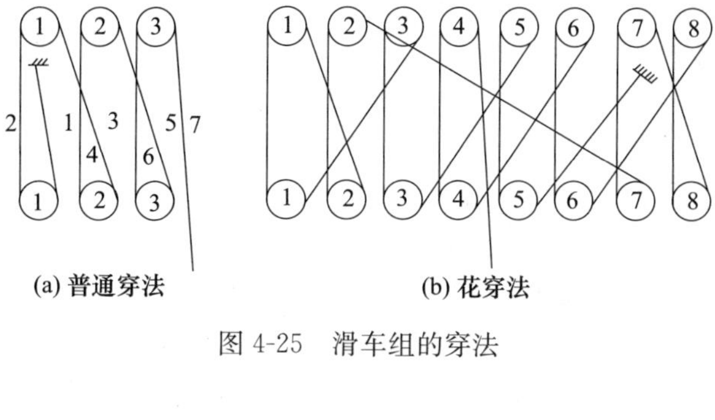

图 4-25　滑车组的穿法

（三）滑车及滑车组安全使用要求

1. 使用前应查明标识的允许荷载，检查滑车的轮槽、轮轴、夹板、吊钩（链环）等有无裂缝和损伤，滑轮转动是否灵活。

2. 滑车组绳索穿好后，要慢慢地加力，绳索收紧后应检查各部分是否良好，有无卡绳现象。

3. 滑车的吊钩（链环）中心，应与吊物的重心在一条垂线上，以免吊物起吊后不平稳。滑车组上下滑车之间的最小距离应根据具体情况而定，一般为700～1200mm。

4. 滑车在使用前后都要刷洗干净，轮轴要加油润滑，防止磨损和锈蚀。

5. 为了提高钢丝绳的使用寿命，滑轮直径最小不得小于钢丝绳直径的16倍。

6. 滑轮应设有防钢丝绳跳槽的装置。

（四）滑轮的报废

滑轮出现下列情况之一的，应予以报废：

1. 裂纹或轮缘破损；

2. 滑轮绳槽壁厚磨损量达原壁厚的20%；

3. 滑轮底槽的磨损量超过相应钢丝绳直径的25%。

图4-26　链式滑车

四、链式滑车

（一）链式滑车的分类

链式滑车又称“倒链”“手拉葫芦”，如图4-26所示，它适用于小型设备和物体的短距离吊装。可用来拉紧缆风绳，以及用在构件或设备运输时拉紧捆绑的绳索。链式滑车具有结构紧凑、手拉力小、携带方便、操作简单等优点，它不仅是起重常用的工具，也常用作机械设备的检修拆装工具。链式滑车可分为环链蜗杆滑车、片状链式蜗杆滑车和片状链式齿轮滑车等。

（二）链式滑车的安全使用要求

1. 使用前需检查传动部分是否灵活，链子和吊钩及轮轴是否有裂纹损伤，手拉链是否有跑链或掉链等现象。

2. 挂上重物后，要慢慢拉动链条，当起重链条受力后再检查各部分有无变化、自锁装置是否起作用。经检查确认各部分情况良好后，方可继续工作。链条不得扭转打结，严禁超负荷起吊。

3. 在任何方向使用时，拉链方向应与链轮方向相同，防止手拉链脱槽。拉链时力量要均匀，不能过快过猛。

4. 当手拉链拉不动时，应查明原因，不能增加人数猛拉，以免发生事故。

5. 起吊重物中途停止的时间较长时，要将手拉链拴在起重链上，以防时间过长而自锁失灵。操作过程中，严禁任何人在重物下行走或逗留。

6. 转动部分要经常上油，保证滑润，减少磨损，但切勿将润滑油渗进摩擦片内，以防自锁失灵。

五、螺旋扣

螺旋扣又称“花篮螺丝”，如图 4-27 所示，主要用在张紧和松弛拉索、缆风绳等，故又被称为“伸缩节”。其形式有多种，尺寸大小则随负荷轻重而有所不同。其结构形式如图 4-28 所示。

图 4-27　螺旋扣

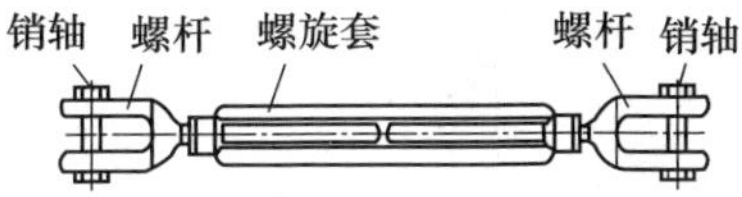

图 4-28　螺旋扣结构形式

（一）螺旋扣的安全使用要求

1. 使用时应钩口向下；

2. 防止螺纹轧坏；

3. 严禁超负荷使用；

4. 长期不用时，应在螺纹上涂好防锈油脂。

（二）螺旋扣的报废

当螺旋扣出现下列情况之一时，应予以报废：

1. 出现裂纹；

2. 变形超过 10°；

3. 磨损量超过原尺寸的 10%。

六、千斤顶

千斤顶采用刚性顶举构件作为工作装置，是通过顶部托座或底部托盘，在小行程内顶升重物的轻小型起重设备，具有结构简单、使用方便、应用广泛等特点。它的承载能力为 1～300t，顶升高度一般为 300mm，顶升速度为 10～35mm/min。

（一）千斤顶的分类

千斤顶的主要类型有：螺旋式千斤顶——采用螺杆或由螺杆推动的升降套筒作为刚性顶举构件；齿条千斤顶——采用齿条作为刚性顶举构件；液压千斤顶——采用柱塞或液压缸作为刚性顶举构件。

1. 螺旋千斤顶

螺旋千斤顶有固定式和移动式两种。固定式螺旋千斤顶在作业时，未卸载前不能作平面移动。移动式螺旋千斤顶是在顶升过程中可以移动的一种千斤顶。移动主要是靠千斤顶底部的水平螺杆转动，使顶起的重物随同千斤顶作水平移动，如图 4-29 所示。

图 4-29　螺旋千斤顶

2. 齿条千斤顶

齿条千斤顶由齿条和齿轮组成，用1～2人转动千斤顶上的手柄，以顶起重物。在千斤顶的手柄上备有制动时需要的齿轮。利用齿条的顶端，可顶起高处的重物，同时也可用齿条的下脚顶起低处的重物，如图4-30所示。

图4-30　齿条千斤顶

3. 液压千斤顶

液压千斤顶的工作部分为活塞和顶杆。工作时，用千斤顶的手柄驱动液压泵，将工作液体压入液压缸内，进而推动活塞上升或下降，顶起或下落重物，如图4-31所示。它较轻，工作效率较高，使用和搬运也比较方便，因而应用较广泛。

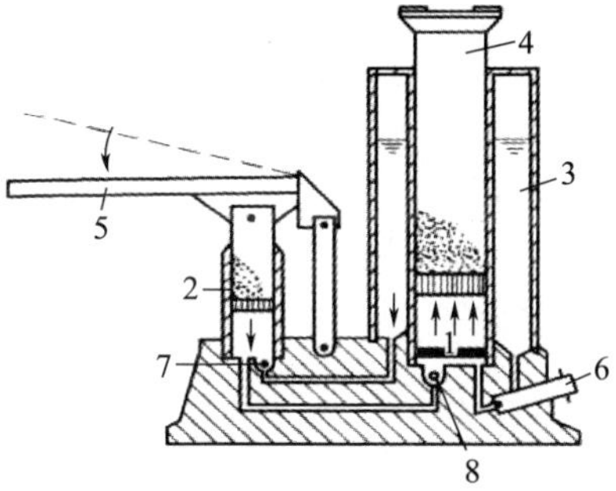

图4-31　液压千斤顶示意图

1—油室；2—油泵；3—储油腔；4—活塞；5—摇把；6—回油阀；7—油泵进油门；8—油进油门室

（二）千斤顶的安全使用要求

1. 千斤顶使用前应拆洗干净，并检查各部件是否灵活，有无损伤，液压千斤顶的阀门、活塞、皮碗是否良好，油液是否干净。

2. 使用时，应放在平整坚实的地面上，如地面松软，应铺设垫板以扩大承压面积。设备或物件的被顶点应选择坚实的平面部位并应清洁至无油污，以防打滑，还须加垫板以免顶坏设备或物件。

3. 在千斤顶的放置过程中，保持荷载重心作用线与千斤顶轴线一致，顶升过程中要严防由于千斤顶地基偏沉或荷载水平位移而发生千斤顶偏歪、倾斜的危险。

4. 严格按照千斤顶的额定起重量使用千斤顶，每次顶升高度不得超过活塞上的标志。

5. 在顶升过程中要随时注意千斤顶的平整直立，不得歪斜，严防倾倒，不得任意加长手柄或操作过猛。

6. 操作时，先将物件顶起点后暂停，检查千斤顶、枕木垛、地面和物件等的情况是否良好，如发现千斤顶和枕木垛不稳等情况，必须处理后才能继续工作。顶升过程中，应设保险垫，并要随顶随垫，其脱空距离应保持在50mm以内，以防千斤顶倾倒或突然回油而造成事故。

7. 用两台或两台以上千斤顶同时顶升一个物件时，应选用同一型号的千斤顶，并应保持同步，每台的额定起重量不得小于所分担重力的1.2倍。

8. 千斤顶应存放在干燥、无尘土的地方，避免日晒雨淋。

七、钢板起重钳

钢板有锐利的边角，如与吊索的钢丝绳直接接触会严重损坏钢丝绳，甚至会割断钢丝绳，即使采取了衬垫保护措施，工作起来也会很不方便。因此，在钢板吊运场合多采用各种类型钢板起重钳来完成吊装作业。

（一）横吊钢板起重钳

1. 用于钢板的水平吊运。

2. 钢板较长时加平衡梁。

3. 板厚符合起重钳的规格。

4. 控制绳索的角度，角度 45°时 0.5 倍额定荷载，30°时 0.75 倍额定荷载（图 4-32）。

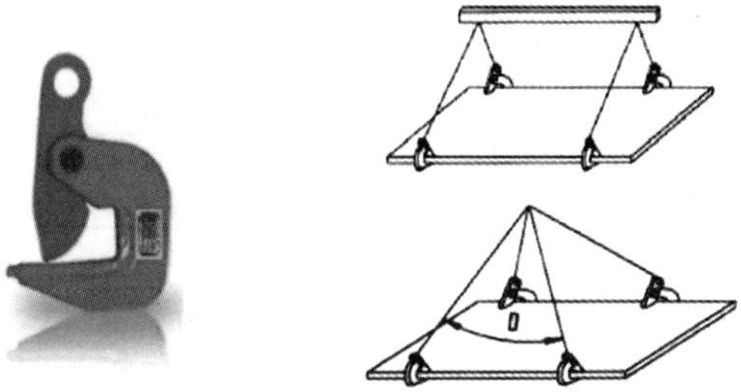

图 4-32　横吊钢板起重钳

（二）翻转钢板起重钳

1. 适用于钢板的水平吊运及钢板和型钢的翻转。

2. 吊运过程中不得碰撞被吊物。

3. 单只翻转钳允许起吊的最大重力为额定荷载，吊装作业中可单只使用。

4. 水平吊运时必须加横梁。

5. 严禁竖直起吊钢板（图 4-33）。

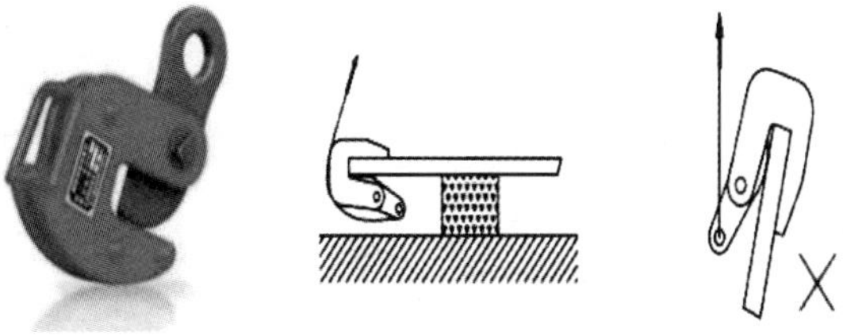

图 4-33　翻转钢板起重钳

（三）L 型钢板起重钳

1. 用于钢板水平吊运。

2. 吊运过程中不得碰撞被吊物。

3. 额定荷载是指吊钳成对使用、吊点夹角为 60°时允许起吊的最大重力。

4. 吊装作业中四只配套成组，必须与横梁配套（图 4-34）。

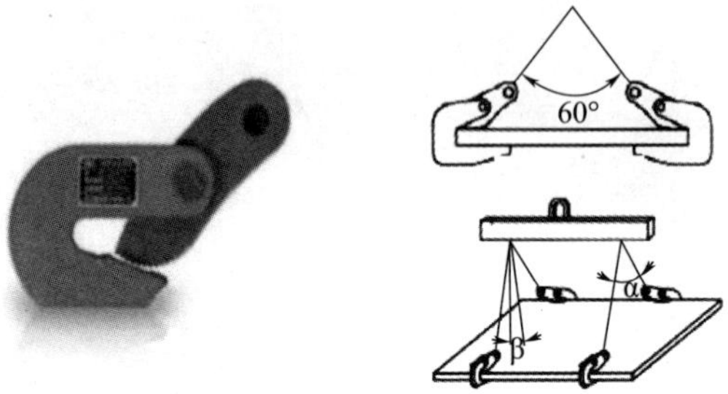

图 4-34　L 型钢板起重钳

（四）竖吊钢板起重钳

1. 用于钢板的竖直吊运。

2. 只能同时吊运起一块钢板，禁止层叠吊运，吊运过程中不得碰撞被吊物。

3. 起吊时，必须将锁紧手柄向上，以使弹簧拉紧。

4. 卸荷时，锁紧手柄向下，弹簧放松后，钳和钢板才能分离（图 4-35）。

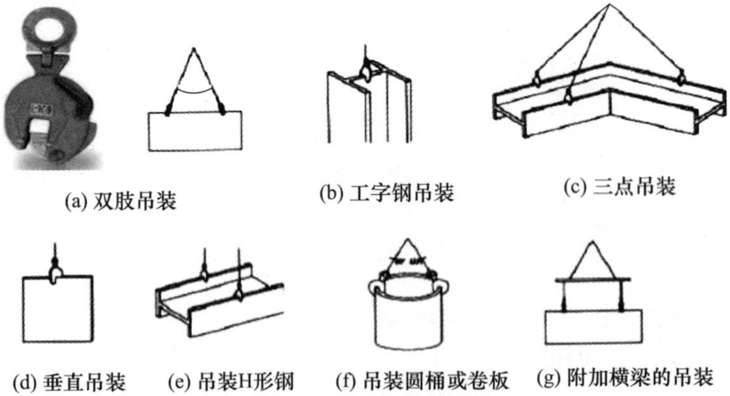

图 4-35　横吊钢板起重钳

第五章　起重机械联合作业

建筑起重吊装作业中，如所吊重物质量较大，就需要两台或多台起重机械联合作业。在用多台起重机械联合作业时，应根据实际情况制定详细的吊装方案，并按照方案进行施工。

下面以吊装混凝土柱为例，了解两台起重机械联合作业安全理论知识。

第一节　联合作业安全理论知识

一、常用的吊装方法

当采用两台起重机械吊装混凝土柱子时，常用的方法有滑行法和递送法两种。

（一）滑行法

滑行法是指两台起重机械在起吊就位的过程中都起主要作用。滑行法宜选择型号相同的起重机。

滑行法的吊装步骤：双机抬吊滑行法中柱的平面布置与单机起吊滑行法基本相同。将柱子翻身就位后，在柱脚下设置木板、钢管并铺滑行道，做好准备工作，然后两台起重机械停放位置对立，其吊钩均应位于柱子上方，如图 5-1 所示，在司索信号工的统一指挥下，两台起重机械以相同的升钩、旋转速度同时起吊，将混凝土柱子垂直吊离地面，两台起重机械同时落钩将柱脚插入指定杯口。

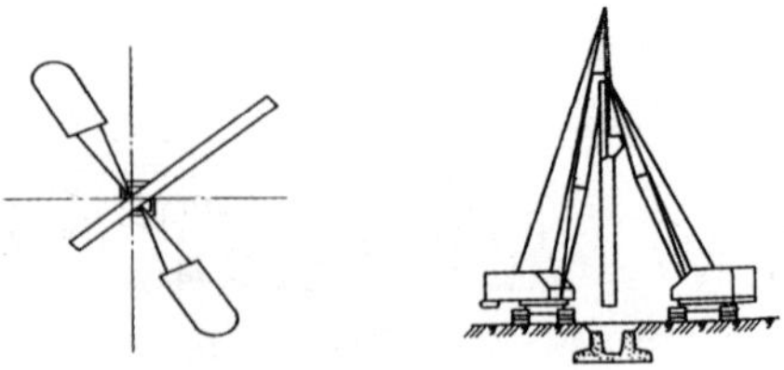

图 5-1　双机抬吊滑行法

（二）递送法

递送法是指两台起重机械中的一台作为主机，另一台作为辅机配合主机进行的吊装作业。

递送法的吊装步骤：在司索信号工的统一指挥下，一台起重机械作为主机起吊混凝土柱子的上吊点，另一台作为副机吊柱子的下吊点，随主机起吊，柱的布置应使两个吊点与基础中心分别处于起重半径的圆弧上，两台起重机械并列于柱的一侧起吊时，如图 5-2 所示，两机同时同速升钩，将柱吊离地面，然后两台起重机械的起重臂同时向杯口旋转，此时，从动起重机械 A 只旋转不提升，主动起重机械 B 则边旋转边升钩直至柱直立，双机以等速缓慢落钩，将柱插入杯口中。

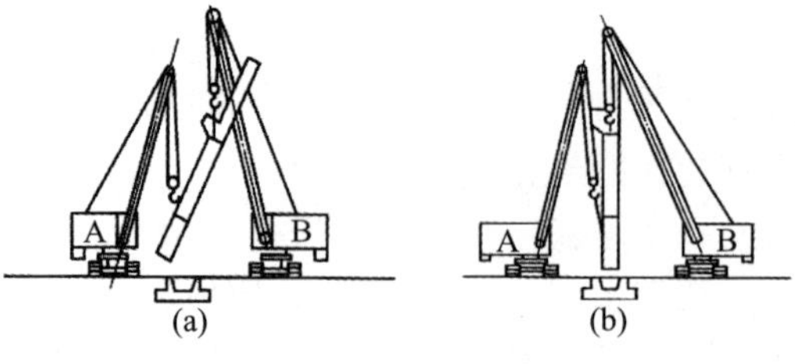

图 5-2　双机抬递送法

二、多台起重机械的起升操作应考虑的主要因素

（一）重物的质量

应了解或计算重物的总质量及其分布情况。

（二）取物装置的质量

取物装置的质量应作为起重机计算起升荷载的一部分。当搬运较重或形状复杂的重物时，从起重机械额定起重量中扣除取物装置的质量可能更重要。因此应该准确地了解取物装置以及必要的吊钩组件的质量及其分布情况。

（三）取物装置的承载能力

应确定在起升操作中取物装置内部产生的力的分布。除非有针对特殊起升操作的专门要求，取物装置应留有超过所需均衡荷载的充分的荷载余量。为适应联合起升操作过程中产生的荷载或作用力的分布与方向的最大变化，有必要使用特殊取物装置。

（四）起重机械的同步动作

多台起重机械的起升过程中，应使作用在起重机械上力的方向和大小变化保持在最小；应尽可能使用额定起重量相等和相同性能的起重机械；应采取措施使各种不均衡（例如起重机械难以达到精确同步、起升速度的不均衡等）降至最小。

（五）监控设备

监控设备用于监控荷载的角度和每根起重绳稳定起升的垂直度和作用力。这种监控设备的使用有助于将起重机上的荷载控制在规定值内。

（六）起升操作的监督

应有指派人员参加并全面管理多台起重机械的联合操作，只有该司索信号工才能发出作业指令。但在突发事件中，目睹险情发生的其他司索信号工可以给出常用停止信号的情况除外。

如果从一个位置无法观察到全部所需的观测点，安排在其他地点的观察人员应把有关情况及时向指派人员报告。

第二节　联合作业负荷分配方法

一、两台或多台起重机械联合作业时的负荷分配

采用双机抬吊时，为使各起重机的负荷均匀，不超过该起重机的起重量，应进行负荷分配，其计算方法为：

$$P_1=1.25Qd_1/(d_1+d_2)$$

$$P_2=1.25Qd_2/(d_1+d_2)$$

式中　Q——吊物的质量（t）；

P_1——第一台起重机的负荷（t）；

P_2——第二台起重机的负荷（t）；

d_1、d_2——起重机吊点至重心距离（m）；

1.25——双机抬吊可能引起的超负荷系数。

负荷分配计算简图如图 5-3 所示。

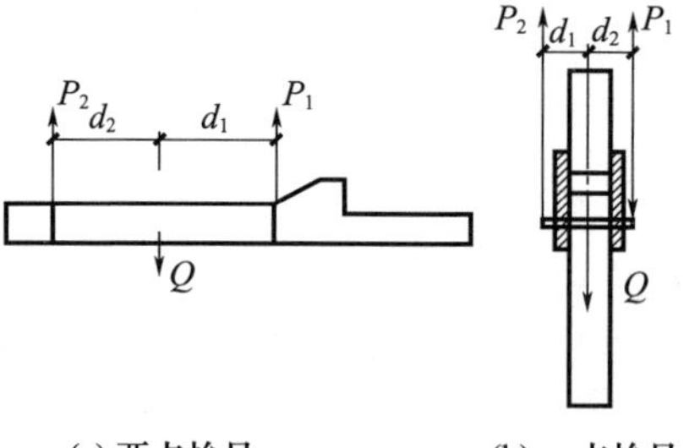

图 5-3　负荷分配计算简图

二、两台或多台起重机械联合作业时的注意事项

由于多台起重机协同吊装作业，所选择的起重机类型、结构、性能等不一定相同，有时会相差得很多，操作起重机械的人员的动作也不可能完全一致，因此，多台起重机械协同吊装

作业时，应注意以下几点：

（1）统一指挥，步调一致。指挥者命令清楚，信号响亮。操作起重机械的人员必须服从统一指挥，精力集中，动作尽量保持一致。

（2）选择起重机械承载能力时，留有余量。例如，双机抬吊时，每台起重机械允许承载能力是额定承载能力的75%。

（3）在选择起重机械时，尽量使用相同类型，并且需要调整预拉受力，使每台起重机械受力均匀平衡。

（4）用电子测力仪或拉力表等装置，直接观测显示索具的受力状况，将对吊装作业起很大作用。

（5）在被吊设备上设置重垂式指示器，用经纬仪或其他观测手段可以直接反映整体平衡情况，给协调平衡的指挥者提供可靠的控制依据。

（6）选用平衡梁或平衡轮等吊装专用索具，可以达到多台起重机械自平衡吊装作业状态。

（7）在穿挂滑轮组等吊装索具时，采用串联穿挂方法，可以达到自平衡吊装作业状态。

（8）若选用卷扬机等起重机械时，可以采用集中控制方法，对平衡吊装作业会起很大作用。

（9）多台起重机械吊装时，应尽量保持垂直吊装作业状态。双机抬吊细高设备时，设备的轴线与垂直线之间的角度最大不宜超过3°。

第六章　起重司索信号工安全技术操作规程

起重作业是运用力学知识，借助起重工具、设备等，根据物体的不同结构、形状、质量、重心采取不同的方式方法，将物体从放置位置吊运到预定位置的过程。在起重作业中，由于现场交叉作业多、环境条件复杂、安全隐患点多，稍不注意、配合不好或设备工具使用不当，很易发生人身伤亡和设备损坏事故，这就需要起重机司机、指挥人员与司索人员（司索信号工）相互配合、协调一致。

第一节　起重司索信号工基本要求

一、牢固树立安全生产的责任心

安全生产是建筑施工的一项重要工作，而起重作业的安全，又是整个安全生产的重点之一，因而起重作业人员要有高度的责任感，要牢固树立“安全第一，预防为主，综合治理”的思想，在日常操作中要做到“五勤”。

第一要脑勤，要多想问题，勤学苦练，要有过硬的本领，懂得起重作业的基本知识，要掌握操作的全过程及工艺流程，不断提高自身的操作技能水平。

第二要眼勤，要“眼观六路，耳听八方”，起吊前要“瞻前顾后”，注意上、下、左、右、前、后，不要蛮干。

第三要手勤，要勤检查、勤保养、勤清洁，保证使用的设备、吊具、索具、工具、夹具的完好。

第四要腿勤，要勤于与上、下、左、右、前、后相关人员沟通联系。

第五要口勤，对指挥人员发出的指挥信号，如有不清楚、不明白的应勤于开口多问，千万不可凭经验推测或主观臆断。

二、发扬团结互助的协作精神

起重吊装是一种协作性较强的作业，操作人员要发扬团结、友爱、互助、协作的精神，反对抱有偷懒省事的不安全思想，出现急躁蛮干、嬉笑打闹等行为。

三、掌握安全事故的规律性

任何事物都有它的客观规律，安全事故的发生也不例外。学会总结和掌握安全事故的规律性，就可以化被动为主动。

第二节　起重司索信号工安全职责

起重吊运作业中，涉及起重指挥（信号）人员、起重司机和司索信号工等，只有在指挥人员的统一指挥、起重司机和司索信号工密切配合下，才能顺利完成起重作业任务。

一、起重指挥人员的职责

（1）必须熟悉起重机械性能。

（2）应佩戴鲜明的标志，如标有“指挥”字样的臂章，特殊颜色的安全帽、工作服等。所佩戴手套的手心和手背要易于辨别。

（3）进行正确指挥。指挥人员应站在使司机能看清楚指挥信号的安全位置上，当跟随负载运行指挥时，应随时指挥负载避开人员和障碍物。

（4）不能同时看清司机和负载时，必须要求增设中间指挥人员以便逐级传递信号；当发现错传信号时，应立即发出停止信号。

（5）使用规范指挥信号与起重司机联系。发出的指挥信号必须清晰、准确。

（6）在负载运行时，负责监视并随时引导，对可能出现的事故采取必要的防范措施。

（7）当负载到达目的地或指定区域时，发出吊钩或负载下降信号前必须确认作业区域人员、设备安全。

（8）同时用两台起重机吊运同一负载时，指挥人员应双手分别指挥各台起重机，以确保同步吊运。

二、司索人员的职责

（1）必须熟悉各类起重工具、设备和机械的安全操作注意事项。

（2）掌握吊钩、绳索及其起重工具性能和报废标准。

（3）熟练掌握绑扎、吊挂知识和起重指挥信号。

（4）司索作业人员接班时，应对索具吊具进行检查，发现不正常时必须在操作前排除。

（5）工作前，应事先清理吊运地点及运行通道上的障碍物，并提醒无关人员避让。

（6）根据吊运物件正确选用吊运方法和吊运工具，应对吊物的重力有正确的估算，对吊具的允许负荷有准确的了解，严禁超负荷吊运。

（7）吊物重心要找准，绑扎点要选择正确；吊物应捆扎牢固，吊钩应挂牢，起吊时起重钢丝绳要垂直，严禁斜吊、拖吊。

（8）吊运坚硬、有棱角的物件，要加垫物，防止磨损或切割绳索。

（9）起吊时，选择安全的站位。

（10）工作中禁止用手直接校正已被重物张紧的绳索，吊运中发现绑扎松动或吊运工具出现异常现象时，应立即停止作业，进行检查。

（11）起吊物件时，应将附在物件上的活动件固定好，收好绑扎绳头。

（12）禁止用人身重力来平衡吊运物件或以人力支撑物件起吊，严禁站在物件上的同时进行吊运。

（13）工作结束后，应将所用工具擦净油垢，做好维护保养。

三、起重机司机的职责

（1）必须熟练掌握标准规定的通用手势信号和相关各种指挥信号，并与指挥人员密切配合。

（2）必须服从指挥人员的指挥。

（3）当指挥信号不明时，应发出“重复”信号询问，明确指挥意图后，方可操作。

（4）严格按照安全操作规程进行操作。

（5）司机在开车前必须鸣铃示警，在吊运中必要时也要鸣铃，通知受负载威胁的地面人员撤离。

（6）在吊运过程中，司机对任何人发出的“紧急停止”信号必须服从。

第三节　吊装方案的编制

在建筑安装工程施工中，起重吊装施工作业是一项技术性强、危险性大、需多工种互相配合、互相协调、精心组织、统一指挥的特种作业，为了科学地组织施工，优质高效地完成吊装任务，应该编制起重吊装施工方案，保证起重吊装安全施工。

一、起重吊装专项施工方案的编制范围

危险性较大的起重吊装工程施工前应当编制专项方案：

（1）采用非常规起重设备、方法，且单件起吊重力在10kN及以上的起重吊装工程；

（2）采用起重机械进行安装的工程；

（3）起重机械安装和拆卸工程；

（4）装配式建筑混凝土预制构件安装工程。

其中，采用非常规起重设备、方法，且单件起吊重力在100kN及以上的起重吊装工程；起重量在300kN及以上，或搭设总高度在200m及以上，或搭设基础标高在200m及以上的起重机械安装和拆卸工程，应当组织召开专家论证会对专项施工方案进行论证。

二、起重吊装专项施工方案的编制原则

（一）施工成本低

在编制施工方案时，在技术上可能的情况下，尽量采用成本最低的施工方法和措施来完成项目，以获取最大经济效益。

（二）施工周期短

工期缩短有利于项目施工成本的降低，从而提高经济效益，为企业赢得良好的信誉。

（三）技术可靠

要求技术的可行性、合理性及施工工程质量能够保证达到安全施工的目的。

上述三原则事实上往往无法同时实现。技术可靠是确定方案的根本，更多时候是在保证技术可靠原则的基础上，根据所具备机械（具）的情况来确定施工方案。

三、起重吊装专项施工方案的编制依据

（1）施工组织（总）设计。

（2）工程施工图、工程总平面图及有关设计技术文件。

（3）相关法律、法规、规范性文件、标准、规范。

（4）施工工期的计划安排。

（5）施工场地的有关地质、地下管线资料及周边环境情况。

（6）工程合同。

（7）新施工技术及安装工艺。

（8）现行有关起重吊装工程安全技术标准及国家有关规定。

四、起重吊装专项施工方案的制订

（一）施工方法的选择

起重吊装专项施工方案和技术措施中，吊装方法的确定是最主要的，正确选择吊装方法是制订吊装方案和技术措施的前提，它决定了起重吊装专项施工方案的科学性、先进性和适用性，一般可以归纳为以下几类：

1. 按被吊装物件就位形态分为分散吊装、整体吊装和综合吊装等

分散吊装又可分为正装和倒装。分散吊装中的正装法，高空作业多、施工周期长、施工管理要求高，一次起重量小，使用吊具索具的规格尺寸小；分散吊装中的倒装法，高空作业少，安全度高，一次起重量虽然没有减少，但起升高度与作业高度可大大降低。

综合吊装是把能在地面上做完的事力求全部做完，以减少高空作业，这种吊装方法操作难度大，但安装周期可明显缩短，同时减少高空作业的费用，可以弥补吊装机具费用的损失。

2. 按被吊装物件的整体竖立形式分类有滑移法和旋转法

3. 按被吊装物件的就位方式有正吊、抬吊、侧偏吊等

起重吊装方法的确定，应在确保安全施工、安装质量的前提下，根据工程内容、工期要求、施工工艺、施工队伍的素质、现场条件、机具索具和经济效益等因素，尤其应综合考虑被拖运或吊装物件的外形尺寸、重力、结构、类型、特点和数量，拟定几个可行的方案，通过论证比较，最终确定一个最优方案。

（二）方案的编制程序

起重吊装专项施工方案的编制一般包括准备、编写、审批三个阶段。

1. 准备阶段

由施工单位专业技术人员收集与起重作业有关的资料，确定施工方法和工艺，必要时还应召开专题会议对施工方法和工艺进行讨论。

2. 编写阶段

专项施工方案由施工单位组织专人或小组，根据确定的施工方法和工艺编制，编制人员应具有本专业中级及以上技术职称。

3. 审核批准阶段

专项施工方案应由施工单位技术负责人组织施工技术、设备、安全、质量等部门的专业技术人员进行审核。必要情况下，应组织专家论证。审核合格后，由施工单位技术负责人审批。

施工方案实施前，必须逐级进行技术交底。如施工条件发生变化，应对施工方案及时修改补充，并履行审核批准手续。

五、起重吊装专项施工方案内容

起重吊装专项施工方案应当包括以下内容：

1. 工程概况

工程概况和特点、施工平面布置、施工要求和技术保证条件。

2. 编制依据

包括相关法律、法规、规范性文件、标准、规范及施工图设计文件、施工组织设计等。

3. 施工计划

包括施工进度计划、材料与设备计划。

4. 施工工艺技术

包括技术参数、工艺流程、施工方法、操作要求、检查要求等。在吊装施工步骤中，要把全过程分解为工序，说明每个工序中的具体内容和施工方法。

5. 施工安全保证措施

包括组织保障措施、技术措施、监测监控措施等。安全保证措施应针对工程的具体情况，充分考虑整个施工过程中可能出现的问题，同时还应考虑到周边可能产生的影响。

6. 施工管理及作业人员配备和分工

包括施工管理人员、专职安全生产管理人员、特种作业人员、其他作业人员等。

7. 验收要求

包括验收标准、验收程序、验收内容、验收人员等。

8. 应急处置措施

针对可能发生的突发事件，制定有针对性的应急处置措施。

9. 计算书及相关施工图纸

1）按平面图画出已有构筑物的情况，建筑物及设备的基础、地沟、电线电缆和吊装位置。

2）被吊物件搬运路线、被吊物件拼装位置和被吊物件吊装位置等。

3）当采用桅杆吊装时，桅杆的搬运路线、组装位置和竖立方法、移动路线、站位和吊装位置。

4）吊装受力分析及核算：根据平面图和立面图，将吊装过程中复杂的受力情况简化为力学模型，进行受力计算。

六、施工安全措施

（一）安全措施编制依据

安全措施一般包括安全技术措施和安全组织措施两方面的内容。它的编制依据包括：

（1）国家有关法律法规和技术标准；

（2）重大危险因素；

（3）施工工艺、机械设备及操作方法，尤其是涉及新材料、新技术、新设备和新工艺的应用；

（4）施工作业环境；

（5）安全生产的合理化建议。

对于一项具体工程，一定要根据上述原则进行全面分析，考虑施工中可能出现的各种问题，制定出周密的安全措施。

（二）安全技术措施要求

为了防止施工过程中发生人身和设备事故，应针对施工方案中选用的各种机械、设备和用电设施可能出现的不安全因素以及材料、设备运输带来的困难和危害，采取措施加以解决。对施工运输线路、吊装位置、地锚、缆风绳的布置等进行综合考虑，确保安全施工。

（三）安全组织措施要求

建立安全责任保证体系，明确各个岗位的安全生产责任制，严格遵守施工方案编制审批实施制度、安全技术交底制度、安全检查制度和特种作业人员持证上岗制度等。

第四节　安全技术操作规程

一、起重指挥人员安全技术操作规程

1）起重作业人员的安全培训管理。

建筑起重司索信号工是指在建筑施工现场从事对起吊物体

进行绑扎、挂钩等司索作业和起重指挥作业的人员。建筑起重司索信号工必须具备以下条件才有资格从事起重司索信号特种作业：

（1）年满18周岁。

（2）每年须进行一次身体检查，矫正视力不低于5.0，没有色盲、听觉障碍、心脏病、贫血、美尼尔综合征、癫痫、眩晕、突发性昏厥、断指等妨碍起重作业的疾病和身体缺陷。

（3）具有初中及以上文化程度。

（4）接受过专门安全操作知识培训，经建设主管部门考核合格，取得“建筑施工特种作业操作资格证书”。

（5）首次取得“建筑施工特种作业操作资格证书”的人员实习操作不得少于3个月。实习操作期间，用人单位应当指定专人指导和监督作业。指导人员应当从取得相应特种作业资格证书并从事相关工作3年以上、无不良记录的熟练工中选择。实习操作期满，经用人单位考核合格，方可独立作业。

（6）每年参加不少于24学时的安全生产教育。

2）指挥人员必须经安全技术培训及建设行政主管部门考核合格，并发给安全技术操作证后，方可从事指挥作业。

3）指挥人员必须严格执行《起重机　手势信号》（GB 5082—2019）标准，与起重机司机联络时做到准确无误。

4）指挥人员应熟知《起重机械安全规程》（GB 6067—2010）和《起重机械吊具与索具安全规程》（LD48—1993）。

5）指挥人员必须在熟悉所指挥的起重机械的技术性能后方可指挥。

6）指挥人员不能干涉起重机司机对手柄或旋钮的选择。

7）指挥人员负责荷载的重力计算和索具吊具的正确选择。

8）指挥人员负责对可能出现的事故采取必要的防范措施。

9）指挥人员应佩戴鲜明的标志和特殊颜色的安全帽。

10）指挥人员在发出吊钩或负载下降信号时，应有保护负载降落地点的人身、设备安全措施。

11）在开始指挥起吊负载时，用微动信号指挥；待负载离开地面100～200mm时，停止起升，进行试吊，确认安全可靠后，方可用正常起升信号指挥重物上升。

12）指挥起重机在雨、雪天气作业时，应先经过试吊，检验制动器灵敏可靠后，方可进行正常的起吊作业。

13）在高处指挥时，指挥人员应严格遵守高处作业安全要求。

14）指挥人员选择指挥位置时：

（1）应保证与起重机司机之间视线清楚；

（2）在所指定的区域内，应能清楚地看到负载；

（3）指挥人员应与被吊运物体保持安全距离；

（4）当指挥人员不能同时看见起重机司机和负载时，应站到能看见起重机司机的一侧，并增设中间指挥人员传递信号。

二、起重司索人员安全技术操作规程

1）合理穿戴好劳保用品

（1）工作服的袖口、下襟扣必须系好，严禁穿短裤和裙子在现场操作。

（2）操作者必须戴安全帽及手套。

（3）必须穿好劳保鞋。

2）工作前，应检查吊具、工具、索具是否完好可靠，不准超负荷使用。

3）起升吊重物前，应检查连接点是否牢固可靠。

4）仔细检查所用绳索、链条及吊具是否完好无缺。达到下列程度的吊具、绳索和链条不准使用：

（1）链条的链环直径磨损5%。

（2）链条的链环已拉直变形。

（3）链条的链环已有裂纹。

（4）钢丝绳折断钢丝超过规定的根数。

（5）钢丝绳被烧坏或断股。

（6）钢丝绳表面的钢丝磨损、腐蚀达钢丝直径 40%以上。

（7）带有裂纹、磨损、锈蚀的吊具。

5）在起吊前，必须明确吊物的重力，吊物的重力要符合起重设备和吊具的额定起重量。如果对吊挂物的重力不清楚，不准盲目吊挂。禁止超负荷起吊。

6）所选择的起重工具，必须适合吊物重力。绳索与链子的长短和粗细应符合要求。分绳间角度不大于 120°。

7）在捆绑、起吊重物时，必须遵守下列安全条例：

（1）工作时要戴手套。

（2）不准使用端头散开的绳索。如绳索的端头已散开，必须用钢丝扎紧。

（3）禁止用手去校正被重物张紧的绳索和链条。

（4）在移动、捆绑绳索及链条时，不得将手或手指放在重物下面。

（5）严禁工作人员在吊起的重物下面停留或通过，如图 6-1 所示。

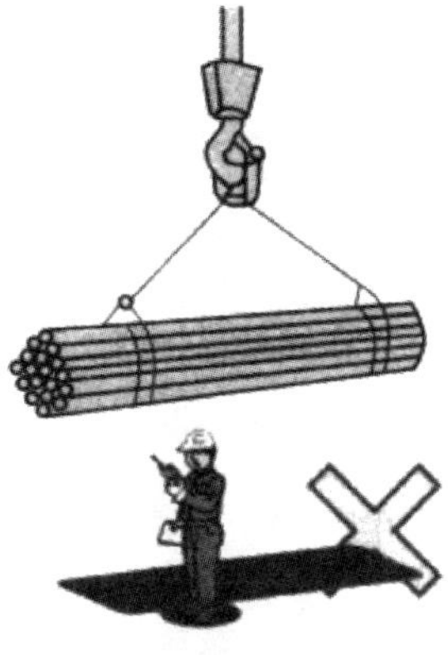

图 6-1　严禁工作人员在吊起的重物下面停留

8）必须使起重设备的吊钩（或其他吊具）对准起吊重物；禁止歪拉斜吊和用起重设备吊拔埋在地下的重物；禁止在吊车及吊钩运动着的时候进行吊挂。

9）起吊的重物必须捆绑牢固，重心要正，受力要平衡，钢索不准绕结和扭歪。

10）捆绑带有锐边的重物时，要用木板、棉麻织物或其他软物垫好。

11）起吊重物的捆绑处如有油污，应擦净。

12）在往吊钩上挂起吊重物的捆扎绳索及链条时，不准用锤子或其他工具敲击已经挂在吊钩上的捆扎好重物的绳索和链子，不允许其受到强烈的冲击。

13）如使用吊横梁（杠梁）起吊重物，在捆扎及悬挂重物后，重力必须平衡地分布在吊横梁的两端。

14）起吊重物上的附件不牢靠时，必须在重物吊起来之前取下来，或加以坚固。

15）司索信号工必须按照统一规定的手势信号指挥。多人工作时，要由专人负责指挥，起吊时应通知附近其他人员离开被吊重物。

16）重物被吊起100～200mm高时，司索信号工应发出停止信号，检查被吊对象的捆扎情况，确认安全可靠后，才可发出继续起吊信号。

17）把重物吊起在水平方向移动时，重物应离开其移动空间上的设备、工位器具或建筑物。

图6-2　严禁起重机械吊人

18）当重物在水平方向移动时，司索信号工应跟在吊起的重物后面，并在任何情况下都能观察到重物移动路线上的情况，并时刻注意，不准吊起重物在人头顶上方停留和经过。

19）禁止用起重机械吊人，严禁用人的力量来平衡重物，如图6-2所示。

20）司索信号工应使重物落放到妥当平坦的地点，以免发生翻倒事故。禁止将重物落放在各种管道、电缆上以及不坚固的盖板上。

21）在重物降落之前，应预先放好垫木，以便绳索或链条能顺利地从重物下抽出来。

22）在起吊重物就位固定前，司索信号工不得离开工作岗位，不准在索具受力或吊物悬空的情况下中断工作。

23）装卸时，应做到轻装轻放，重不压轻，大不压小，堆放平稳，捆扎牢固。

24）堆放零件不可歪斜，高度要适当，对易滑动物料应用木块垫塞，严禁物料堵塞通道。

25）起吊装箱件时，应先检查箱体底脚是否牢固完好，按吊线标志吊挂，并经试吊确认稳妥后方能起吊。

26）遇到暴雨、雷电、大雾或六级及以上大风天气时，严禁进行露天起重、搬运。

27）箱子或零件码放超高时不许挂钩吊运。

28）工作结束后切断电源，摘下钢丝绳、清理现场，填写交班记录。

三、电动葫芦安全技术操作规程

（1）操作前，认真检查电动葫芦的安全装置、钢丝绳、吊具及绑扎方法和电器是否符合运行安全要求。

（2）不得超负载使用，上升时不准撞限位装置。起升时手不准握在绳索与物件之间。

（3）使用拖挂线电气开关启动时，要求拖挂线绝缘必须良好，操作者注意站立位置。

（4）发现运转不正常时，立即停车并通知检修人员检修，不得“带病”运行。

（5）应经常检查手动开关、电气元件。非电气人员禁止擅自修理电器。

（6）单轨电动葫芦在轨道转弯处或接近转道尽头时，必须减速运行。

（7）电动葫芦在露天工作时，应有防雨、防雪设施。

(8) 工作完毕后，必须把电源总闸拉开，切断电源，清理工作现场。

(9) 起吊重物，必须严格遵守起重司索人员的安全操作规程，严禁斜吊斜拉，物件捆绑应牢固可靠。

四、桥式起重机安全技术操作规程

1) 桥式起重机司机必须经劳动部门培训，考核合格并持有效的特种作业人员操作资格证者方能独立操作。

2) 开机前应认真检查机械设备、电器和防护保险装置是否完好、可靠，如控制器、制动器、限制器、电铃、紧急开关等主要附件失灵，则严禁吊运。

3) 起重机的明显部位必须挂有清晰可见的额定起重量标牌。

4) 起重机禁止超负荷使用。

5) 必须垂直起升重物，禁止斜拉、斜吊。

6) 起重机司机除服从指挥人员发出的指挥信号外，对任何人发出的停机信号，都必须立即停机。

7) 起重机司机必须在接到指挥信号时方能操作，起重机起动前应先鸣铃。

8) 当接近卷扬限位器，大小车临近终端或与邻近起重机相遇时，速度要放慢。禁止用倒车代替制动、限位器代替停车、紧急开关代替普通开关。

9) 工作停歇时，不得将重物悬在空中停留。运行中，地面有人或落放吊件时应鸣铃警告。严禁吊物在人头上越过。

10) 两台或多台起重机吊运同一重物时，钢丝绳应保持垂直；各台起重机的升降运行保持同步，各台起重机所承荷载均不得超过各自额定起重能力的80%。

11) 禁止起吊埋在地下或凝结在地面、设备上的重物，禁止用吊具（吊钩、抓斗等）拖拉车辆。

12）禁止吊具（抓斗、起重电磁铁）与人同在一个车厢内装卸物料。

13）起重机工作中，禁止任何人停留在起重机上或起重机轨道上。

14）吊运重物应在安全通道内运行。在没有障碍的路线上运行时，吊具或重物的底面必须离开地面 2m 以上。

15）在运行线路上，需要越过障碍物时，吊具或重物的底面应比障碍物高 0.5m 以上。

16）禁止利用起重机吊具运送或起升人员。

17）起升液态金属、有害液体或重要物品时，无论重力多少，均必须先起升 200～300mm，验证制动器灵敏可靠后，再正式起升。

18）禁止从起重机上向地面抛掷物品。

19）露天工作的起重机和装卸桥，在风力为六级或六级以上时，禁止作业。

20）在起重机上进行检查维修时，起重机必须断电，并在电源开关处挂上“不准送电”的牌子。多机共用同一电源时，应挂在该起重机的保护配电箱的电源开关上，并应在被修理的起重机两侧设置临时护栏、标志牌或信号灯，必要时设专人监护和指挥，以防邻机碰撞。

21）每年至少一次对起重机进行全面技术检查工作。

22）严格遵守起重机“十不吊”。

（1）超过额定负荷不吊。

（2）指挥信号不明、重力不明、光线暗淡不吊。

（3）吊索和附件捆绑不牢、不符合安全要求不吊。

（4）吊车吊挂重物直接进行加工时不吊。

（5）歪拉斜挂不吊。

（6）吊物上面站人或有浮动物品不吊。

（7）易燃易爆的物品，未采取安全措施不吊。

(8) 带棱角快口物品情况不明不吊。

(9) 埋在地下的物品情况不明不吊。

(10) 六级以上强风不吊。

23) 挂钩要坚持“五不挂”。

(1) 起重或吊物重力不明不挂。

(2) 重心位置不清楚不挂。

(3) 尖棱利角和易滑工件无衬垫物不挂。

(4) 吊具及配套工具不合格或报废不挂。

(5) 包装松散捆绑不良不挂。

五、手拉葫芦安全技术操作规程

(1) 使用前应仔细检查吊钩、链条、钢丝绳、轮轴及制动器等是否良好，传动部分是否灵活，并在传动部分加润滑油。

(2) 不得超载使用。拉链人数应根据葫芦起重能力的大小而定，如拉不动时，应检查葫芦是否损坏，严禁增加拉链人数。

(3) 葫芦吊挂必须牢固可靠，使用时应先反拉手链，将起重链倒松，使其有最大的起重距离。

(4) 起吊时，应先缓慢升起，待链条张紧后，检查葫芦各部有无变化，当确认无误后，方能继续作业。

(5) 起吊物件时，除操作葫芦的人员外，其他人员不得靠近被起吊物件。

(6) 起吊物件，必须捆绑牢固可靠，吊具吊索应在允许负荷范围内。

(7) 用两个葫芦同时起吊一件重物时，必须有专人指挥，负荷应均匀分担，操作人员动作要协调一致。

(8) 放下物件时，必须缓慢轻放，不允许自由落下。

(9) 使用完毕后，应将葫芦上的污物擦净，防止生锈。严重腐蚀、断痕、裂纹及磨损的链条，应按链条的报废标准予以更新。

六、履带式起重机安全技术操作规程

（1）起重机司机必须经过安全技术培训，经劳动部门考核合格，并发给安全技术操作合格证后，方准单独操作。严禁无证人员单独动用起重机。

（2）起重机作业时，应有足够的工作场地，起重臂杆起落及回转半径内无障碍物。

（3）作业前，必须对工作现场环境、行驶道路、架空电线、建筑物以及构件重力和分布等情况进行全面了解，如图 6-3 所示。

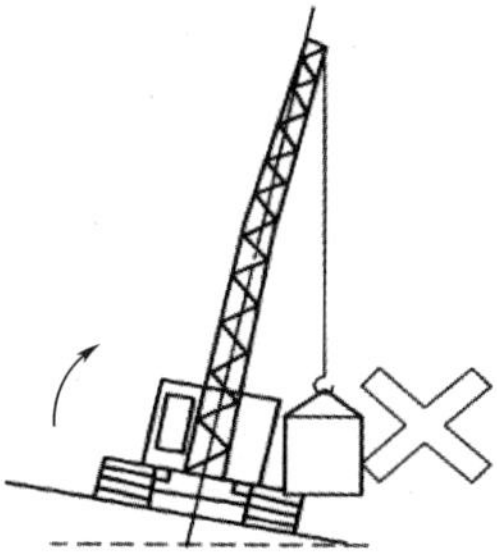

图 6-3　行驶道路对起重作业的影响

（4）操作人员在进行起重机回转、变幅、行走和吊钩升降等动作前，应鸣声示意。

（5）司机室远离地面的起重机在正常指挥发生困难时，可设中间传递信号指挥人员，或采取其他有效联系办法进行指挥。

（6）起重臂下，吊钩和被吊重物下面严禁任何人停留。

（7）不得超载起吊不明重力的物件。

（8）使用两台起重机同时起吊一台重物时，必须有专人统一指挥；两车升降速度要保持相同，其物件的重力不得超过两车所允许的起重量总和的 75%；绑扎吊索时要注意负荷分配，每车分担的负荷不能超过所允许的最大起重量的 80%。

（9）在进行满负荷或接近满负荷起吊时，禁止同时进行两种或两种以上的操作动作。

（10）严禁使用起重机进行斜拉、斜吊和起吊地下埋设或凝结在地面上的重物。现场浇注的混凝土构件或模板，必须全部松动后方可起吊，如图 6-4 所示。

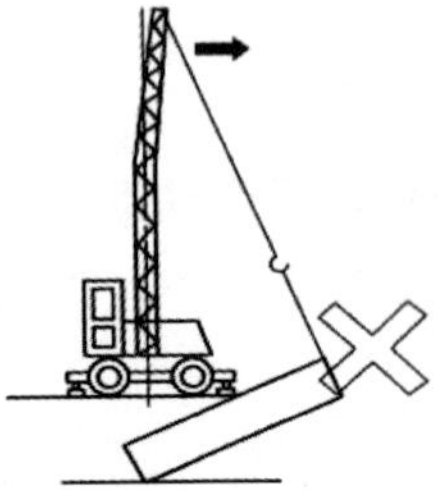

图 6-4　严禁斜拉、斜吊

(11) 起重机在起吊满负荷或接近满负荷时，应先将重物吊起，离地面 10cm 左右停止提升，并检查起重机的稳定性、制动器的可靠性、绑扎的牢固性，确认无误后方可提升。对于有可能晃动的重物，必须拴拉绳。

(12) 起重机不应靠近架空输电线路作业，如遇特殊情况必须在线路近旁作业时，应采取安全保护措施。起重机与架空输电导线的安全距离不得小于表 6-1 的规定。

表 6-1　起重机与架空输电导线的安全距离

电压（kV）	<1	10	35	110	220	330	500
沿垂直方向安全距离（m）	1.5	3.0	4.0	5.0	6.0	7.0	8.5
沿水平方向安全距离（m）	1.5	2.0	3.5	4.0	6.0	7.0	8.5

(13) 起重机在输电线下面通过时，应先将起重臂放下。

(14) 起重机工作时，不得进行检修或调整机件。

(15) 遇六级及以上大风或大雨、大雪、大雾等恶劣天气时，应停止起重机露天作业。

(16) 对任何人发出的紧急停止信号必须立即停车，待消除不安全因素后方可继续工作。

(17) 停工或休息时，不得将吊物悬挂在空中。夜间作业要有足够的照明。

(18) 工作完毕，吊钩和起重臂应放在规定的稳妥位置，所有控制手柄应放在零位。

七、塔式起重机安全技术操作规程

1) 起重机必须安装运行、变幅、吊钩高度等限位器和力矩限制器等安全装置，并保证灵敏可靠。对有升降式司机室的起重机，断绳保护装置必须可靠。

2）起重机专用的临时配电箱，宜设置在轨道中部附近，电源开关应合乎规定要求。电缆卷筒应运转灵活，安全可靠，不得拖缆。

3）检查轨道平直、无沉陷、轨道螺栓无松动，排除轨道上的障碍物，松开夹轨器并向上固定好。

4）作业前重点检查：

（1）机构结构的外观情况，各传动机构应正常。

（2）各齿轮箱、液压油箱的油位应符合标准。

（3）主要部位连接螺栓不得松动。

（4）钢丝绳磨损情况及缠绕滑轮应符合规定。

（5）供电电缆应无破损。

（6）查看前一班作业的各种记录（如履历书、登记表、安全记录等），发现问题及时做出处理。

（7）与指挥人员约定好指挥信号的种类及相关事宜。

（8）开始操作时，先鸣号发出警示，提醒注意。

5）吊钩提升接近臂杆顶部，小车行至端点或起重机行车接近轨道端部时，应减速缓行至停止位置。吊钩距臂杆顶部不得小于1m，起重机距轨道端部不得小于2m。

6）动臂式起重机的起重、回转、运行三种动作可以同时进行，但变幅只能单独进行。每次变幅后应对变幅部位进行检查。允许带载的变幅在满载或接近满载时，不得变幅。

7）提升重物后，严禁自由下降。重物就位时，可用微动机构或使用制动器使之缓慢下降。

8）提升的重物平稳后，在跨越障碍物时，重物底部应高出其跨越障碍物0.5m以上。

9）两台起重机同时进行作业时，应保持两机之间任何接近部位（包括吊起的重物）距离不得小于5m。

10）严禁在弯道上进行吊装作业或吊重物转弯。

11）起吊时不准用吊钩直接吊绕重物，必须用索具或专用器具。

12）细长易燃的物品，要捆扎两道以上，并且要有两个吊点。在吊运过程中，吊运的物品应保持水平，不准偏斜，更不能使长度方向朝下，以免在吊运过程中重物由于自重或振动等原因从捆绑中滑落。

13）不得在起吊的重物上再连挂其他重物，以免吊索具超载，破坏原来的捆扎方式或发生扯、刮、连、带现象。

14）吊运零散物品，要用网、篮或其他容器盛装，不可用绳索捆扎。

15）外形大或长的物体要有拽绳，以防止摆动，拽绳应在被吊物体的两端各设一个。

16）严禁将不同种类或不同规格型号的索具混在一起使用。

17）严禁超载起吊。不能起吊与其他重物相连、埋在地下或与地面和其他物体凝结在一起的以及各种不明重力的重物。

18）各种塔式起重机，禁止在非工作风力下作业。一般的塔式起重机规定六级及以上，风速为 11～13m/s，风压约 105N/m^2的情况为非工作风力。

19）禁止无操作合格证人员操作。

20）作业后，起重机应停放在轨道中间位置，臂杆应转到顺风方向，并放松回转控制器。小车及平衡重应移到非工作状态位置。吊钩提升到离臂杆顶端 2～3m 处。

21）锁紧夹轨器，使起重机与轨道固定，如遇八级及以上大风时，应另拉缆绳与地锚或建筑物固定。

22）有电梯装置的塔式起重机，应将电梯升到 10m 左右，防止外人进出。

23）任何人上塔帽、吊臂、平衡臂的高空部位检查或修理时，必须系挂安全带。

第七章　起重司索信号工作业事故案例分析

第一节　起重吊装作业事故

一、起重吊装指挥作业事故类型

多年来，尽管发生的起重吊装指挥作业事故较多，造成的伤害也不尽相同，但仔细加以归纳总结，起重吊装指挥作业事故大致可分为以下几种类型：

（1）人员责任事故。

（2）设备事故。

（3）管理事故。

二、起重吊装指挥作业事故主要原因

从事故发生的原因来看，大致有以下几个方面：

1. 作业人员原因

1）未对吊索进行检查，吊运物件受力过大造成吊索断裂。

2）吊运时摆动幅度过大，或超负荷吊运造成倾覆。

3）由于挂钩起吊物件不稳产生摆动，碰到堆物，或撞击地面人员。

4）指挥不当，触及建筑物及高压线路等造成事故。

5）绑扎不牢，造成吊物从空中坠落。

6）思想上麻痹大意，以经验代替操作规程。

7）违反作业程序、违章作业、违章指挥。

8）吊点选择错误。

9）吊物临时支护不牢固。

2. 设备原因

1）起重设备力矩限制器等安全装置未设置或失效。

2）设备维修保养不善，带病运转。

3）使用不合格的吊具、索具。

3. 管理原因

1）无正确可行的专项施工方案。

2）未对作业人员进行经常性的安全教育和培训。

3）分工不明，责任不清，配合不当，管理不到位。

4）作业人员无证上岗。

5）未设置专人指挥。

6）指挥信号不清，联络不通畅。

7）未设置警示标识，作业范围内有障碍物。

三、事故预防措施

1. 作业人员培训考核

严格特种作业人员资格管理，起重机司机、起重司索信号工等特种作业人员必须接受专门的安全操作知识培训，经建设主管部门考核合格，取得“建筑施工特种作业操作资格证书”，每年还应参加安全生产教育。

首次取得资格证书的人员实习操作不得少于3个月，实习操作期间，用人单位应当指定专人指导和监督作业。指导人员应当从取得相应特种作业资格证书并从事相关工作3年以上、无不良记录的熟练工中选择。实习操作期满，经用人单位考核合格，方可独立作业。

2. 选用合格的起重设备和吊具

1）起重吊装作业采用的各式起重机具有庞大的结构和比较

复杂的机构，作业过程中常常是几个不同方向同时操作，需要在较大的范围内运行，活动空间大，受力情况复杂多变，技术难度大，选择合适规格型号起重设备显得至关重要。选择时要综合考虑其起升高度、幅度和起重量等性能参数，以满足起重作业的要求。作业前对起重机进行综合检查，确保技术状况良好。

2）吊带、钢丝绳、卸扣、滑轮等起重作业吊具与索具是按国家标准规定生产、检验并具有合格证和维护、保养说明书的产品，应检验合格，建立特种设备安全技术档案；在使用期间，应按照安全技术规范的要求，定期进行维护保养，定期检验。作业前，应对吊具与索具进行检查，必须无烧伤、褪色、打节、断裂等破损；同时，应检查与所吊运物品的种类、环境条件及安全工作负荷等具体要求相适应，否则，将留下事故隐患。

3. 安全技术管理

1）起重吊装指挥作业前，必须制定安全专项施工方案，并按照规定程序进行审核审批，确保方案的可行性。

2）技术人员应根据工程实际情况和设备性能状况对起重吊装司索信号工进行安全技术交底。

3）作业时工程监理单位应当旁站监理，确保安全专项施工方案得到有效执行。

4）司索信号工及起重机司机应遵守劳动纪律，听从指挥，严格按照操作规程操作，认真履行交接班制度，做好起重设备及索具的日常检查和维护保养工作。

5）起重吊装司索信号工应遵守安全技术规程。

第二节　事故案例分析

一、钢丝绳断裂事故案例

2016 年 7 月 13 日，某公司组织人员在使用塔吊进行大型钢模板吊运作业过程中，发生钢丝绳断裂事故，致使钢模板坠落，将1名工人砸伤致死事故。

1. 事故经过

2016年7月11日，塔吊司机李某与班长胡某交班时，李某向班长胡某、安全员付某反映，1号塔吊的钢丝绳有毛刺磨损严重需要更换，付某接到报告后于当天下午将新钢丝绳购买回来，由于工地机修工有一人请假不在，无法进行钢丝绳更换，计划7月13日下午更换。

7月13日早上，上班后班长胡某安排塔吊司机李某操作1号塔吊，1号楼的第7层楼墙体、梁柱钢筋混凝土已浇筑完毕，需要进行钢模板拆除。李某操作1号塔吊进行钢模板拆除的吊钢模板作业，工人杨某负责钢模板挂钩及指挥塔吊起吊作业。上午11时左右，杨某指挥塔吊司机李某一次吊两块大钢模板，挂上第二块大钢模板时塔吊司机李某试吊发现吊不动，就把吊钩放下，并朝杨某摆手示意，于是杨某松开一块大块模板，然后又挂了一块小钢模板。当小钢模板从现场墙上吊起2m左右马上要离开墙体时，塔吊钢丝绳突然断开，大钢模板和小钢模板坠落并卡在墙体和地面中间位置，大钢模板坠落时击中站在第7层楼墙体（墙的高度2.8m）上的杨某头部，并坠落到7层地面上，杨某经抢救无效死亡。

2. 原因分析

1）司索人员杨某在钢丝绳存在安全隐患的情况下违章指挥塔吊进行吊装作业。

2）杨某安全意识不强，吊装过程中站在吊物下方，致使自身处于危险状态。

3. 预防措施

1）在吊装作业前，应对吊具与索具进行检查，确保安全后方可施工。

2）在进行起重吊装作业时，严禁在作业区域下方滞留。

二、汽车起重机倾覆事故案例之一

2018 年 10 月，某化工物流储运中心仓库建设项目工程使用的一台汽车起重机发生倾覆事故。

1. 事故经过

2018 年 10 月，某化工物流储运中心仓库建设项目工程使用一台汽车起重机进行吊装作业。汽车起重机在丙类液体 2 号仓库施工现场进行第三跨横梁钢结构吊装作业时，在横梁钢结构就位过程中，汽车起重机向东北侧方向倾覆，起重臂压向就位安装施工所用的脚手架并击中脚手架上的一名作业人员，造成该人员受伤及汽车起重机的起重臂和支腿损坏。

2. 原因分析

经勘查分析，事故原因主要有：

1）根据额定总起重量表，该汽车起重机在起重臂长 32m 时，允许的起重量为 0.4t（此起重量包括吊钩自重）。而吊装的实际总起重量为 2.207t，事故汽车起重机在吊装该横梁钢结构就位时，超载了 451.8%，使得汽车起重机整机失稳并向起重臂作业方向倾覆。

2）吊装方案中未明确吊装作业时汽车起重机的停放位置及至起吊重物摆放位置和就位位置的工作幅度等细节。

3）未对汽车起重机司机刘某进行交底。

4）作业时施工现场无指挥及安全管理人员。

3. 预防措施

1）进行吊装作业时，现场应配备专业的指挥及安全管理人员，吊装前检查起吊重力。

2）吊装方案应翔实可行，确保汽车起重机在规定的工况范围内使用，合理布置汽车起重机作业位置，避免造成汽车起重机超载。

3）进行吊装作业前，应做好各相关人员的技术交底工作。

三、汽车起重机倾覆事故案例之二

1. 事故经过

2019年6月15日14时许，某单位吊车司机张某操纵20t三菱牌汽车吊将一根重达7.3t的花篮梁卸到工地上。担任指挥员的杨某自以为钩已挂好，离开岗位，轻松地坐到运输车驾驶室里与司机李某抽烟聊天，司机张某按照以往习惯，照样轻松自如地作业，结果没料到，工地的土质松软，在吊运回转过程中，由于无人指挥，汽车吊支腿陷入泥里也无人发觉。最终由于车身重心失去平衡而倾倒，重达7.3t的花篮梁狠狠地砸在构件运输车上，指挥员杨某和司机李某被砸扁的驾驶室困住，导致杨某因伤势过重，抢救无效死亡，李某虽然保住了生命，但两腿高位截肢，落下终身残疾。

2. 原因分析

1）违章作业和不负责任是造成本次恶性事故的主要原因。

2）指挥员杨某擅离岗位，没有认真配合司机工作。

3. 预防措施

强化对司机和指挥人员及作业人员的安全技术教育和职业道德教育，提高工作责任意识，自觉遵守各项规章制度，严禁违章作业。

四、违章指挥事故案例

2018年5月13日，某学校扩建工程工地发生一起违章指挥导致的起重伤害事故，造成一人死亡。

1. 事故经过

2018年5月12日20时左右，施工项目带班曾某与张某、黄某以及起重机司机杨某进行吊装作业，作业内容为吊装砂浆到操场5楼的脚手架平台。张某在地面指挥起吊工作，曾某在5楼指挥杨某将吊物吊放至指定位置，然后由黄某卸钩。施工过程中，黄某找张某要求吊运一部分加气砖到5楼平台。黄某把加气砖堆放在铁架上，然后张某指挥杨某开始起吊作业，当加气砖吊到5楼指定位置的上方，曾某指挥摆臂收小车放砖时，吊加气砖尼龙绑带断裂，大量砖块掉落，碰到下方作业的黄某头部，黄某经抢救无效死亡。

2. 原因分析

1）起重机吊臂和起吊重物下有人时，指挥人员违章指挥塔吊司机进行吊装作业，并且未按规范要求使用专用吊具。

2）塔吊司机在未能确定起吊物是否安全、起重机吊臂和重物下是否有人的情况下，接收指挥信号违章操作塔吊作业。

3）在起重吊装作业时，未设置警示标识，且其他人员违章站在起重臂和重物下方。

3. 预防措施

1）指挥人员指挥作业时必须按规范要求进行，特殊物件要采用专用吊具。

2）交叉作业时，必须制定有效措施，严禁各类人员在起重吊装区域逗留，要确保安全后方可进行起重吊装作业。

3）操作人员要严格按照各项规范制度要求作业，对违章指挥要坚决拒绝。

五、指挥信号不清事故案例

2017年，某工地发生一起吊物失稳，撞击旁边物体，造成倾倒伤人的事故。

1. 事故经过

2017年，某电厂建设工地，用100t塔机吊装炉架的水平支撑。起重队李某带领4人将6根水平支撑用6根6×37S、直径16mm钢丝绳分三组平行拴牢后，指挥起吊，准备将3组水平支撑跨过锅炉K6顶部，将第一组水平支撑在炉架46m处就位。塔机司机在未看到指挥信号的情况下，将附近除尘器吊装的落钩哨音，误听为水平支撑的落钩信号，将吊件松钩，使第一组水平支撑横到 69m 处 Z6～Z10 的横梁处。由于吊件偏心失重，水平支撑失去平衡，撞在距横梁下面 2.5m 处的一根已就位的斜撑上，将吊一组水平支撑的钢丝绳撞断，两根水平支撑（一根长 4m，一根长 3.9m，总质量 54kg）从 66m 高处坠落，砸到 46m 处的一根横梁上，然后弹砸在司索信号工吴某的头部和左肩部，吴某经抢救无效死亡，同时路过的钢架班学徒工叶某被砸成重伤。

2. 事故分析

经勘查分析，这是一起因操作人员误听指挥信号而误操作引发的吊重坠落伤人事故。主要原因如下：

1）塔机司机在起重人员没有到位、没有看到起重指挥人员发出信号的情况下，擅自将吊件落钩，是事故发生的直接原因。

2）施工现场交叉作业，信号指挥人员违章指挥，起吊指挥信号不规范，只靠哨音，无手势或旗语。

3）起重机械操作人员没有严格按照操作规程作业，在没有明确信号的情况下擅自作业。

4）起重机械作业时，施工人员及无关人员在起重作业危险区域内逗留或通过。

3. 预防措施

1）起重作业现场必须进行警示，无关人员严禁通过。

2）指挥信号清楚明晰。交叉作业时，必须制定有效措施。信号不明时，严禁作业。

3）指挥人员指挥作业时必须按规范要求进行。

六、吊索脱落伤人事故

1. 事故经过

2017 年 7 月 10 日 14 时左右，某工地一台 QTZ63 塔机在

14 层卸料平台上起吊一捆支模架钢管，司索信号工将钢管绑扎好后，通知塔机司机起吊，钢管提升约 5m 高度时，其中 1 根绑扎的钢丝绳突然松脱（散开），整捆钢管倾斜后全部滑落到卸料平台上，散落的钢管把仍站在卸料平台上的司索信号工挤落至地面，致其当场死亡。

2. 事故分析

1）固定钢丝绳用的绳卡不合格（U 形螺栓螺纹太浅），绳卡上的螺帽脱落，钢丝绳散开，导致钢管滑落，是本次事故的直接原因。

2）司索信号工无证上岗，没有起重专业知识，无安全防范意识，在物体起吊后未能及时离开重物下方。

3）塔机司机未能严格遵守“重物下方有行人及作业人员不吊”的安全操作规程。

4）项目部安全管理与安全教育不到位，施工现场管理混乱，吊具无专人检查，并且采购无合格证的劣质绳卡。

3. 防范措施

1）司索信号工必须持证上岗，在工作中应互相监督、检查。

2）对起重用吊、索具的检查，应由项目部落实专人或安全员负责定期检查，发现安全隐患必须及时更换。

3）严格执行“重物下面有人不吊”的规定，在吊运过程中应采取小车往内或往外变幅来避开下面工作人员。

七、违章指挥事故案例

2019 年 9 月 28 日 15 时 20 分许，位于泉州市丰泽区东海街道辖区某广场施工现场发生一起一名施工人员被掉落的塔吊料斗砸伤，经送医院抢救无效死亡的事故。

1. 事故经过

施工员周某某在地下室东南角落测量第二道支梁垫层水平

标高时，他所处位置有一个方形空料斗影响其架设测量工具（全站仪），周某某使用随身携带的对讲机指挥1号塔吊司机蓝某将空料斗吊走，蓝某接到指令后操作塔吊将吊钩索具放至指定位置。

周某某自行操作塔吊吊绳上的U形卡锁料斗，并指挥塔吊司机提升吊物，本人并未离开起吊点。15时20分许，当料斗提升至第一道支撑梁面上方约6m，塔吊吊臂欲回转时，料斗瞬间掉落。在地面上的塔吊指挥工万某某发现后，随即用对讲机呼叫塔吊司机将吊钩放下，同时让附近作业工人蒲某某重新将吊绳上的U形卡锁料斗后提升，才发现周某某被倒扣在料斗内。现场人员当即联系120急救车将其送往医院抢救，经抢救无效于16时30分许死亡。

2. 事故分析

1）施工员周某某在使用U形卡锁料斗时，未正确将U形卡的螺栓锁入螺丝槽内便指挥塔吊司机提升吊钩，当吊钩提升至地面后吊臂旋转时，U形卡吊绳受力方向产生变化，吊绳滑出U形卡，导致料斗脱落。

2）施工员周某某不具有司索信号工资质，擅自操作U形卡锁起重物，违章进行塔吊指挥，且在吊物起吊后未能及时离开起吊点。

3. 预防措施

1）司索信号工必须持证上岗，在工作中应互相监督、检查，杜绝违章指挥和违章作业。

2）对起重用吊、索具的检查，应由项目部落实专人或安全员负责定期检查，发现安全隐患必须及时更换。

3）严格执行“重物下面有人不吊”的规定，在吊运过程中应采取小车往内或往外变幅来避开下面工作人员。

4）作业前，对作业人员进行安全技术交底，明确吊、索具的使用方法及主要事项。

八、指挥信号不清事故案例

2020年3月9日8时20分，某经贸有限公司发生一起起重伤害事故，造成1人死亡，直接经济损失130万元。

1. 事故经过

2020年3月9日上午8时许，当满载钢捆的货车到达某经贸有限公司院内后，按照平常惯例，李某某、赵某某和王某某自行开始进行钢捆卸车、堆垛作业，其中，赵某某和王某某负责摘钩，李某某负责用遥控器操作行车。8时20分，李某某操作行车，用该行车的小钩将吊运的两捆钢材（热轧H型钢，W8×18/13.11m，14pcs/4882kg，两捆理论质量9.764t）下降到距离地面钢捆垛（垛高2.4m，宽3.2m，长13.2m）上方1.5m处时，行车“小钩”下挂的横梁一端的卸扣发生断裂，吊运的钢捆随即坠落至下方钢垛的边缘，连同被砸落的型钢一同向地面坠落，将正在钢垛下部清理作业的赵某某砸中。

2. 事故分析

1）经调查认定，经贸有限公司操作人员在进行钢捆卸车作业时，由于使用的吊具上的卸扣突然断裂，造成起吊的钢捆坠落，砸中吊物下方的操作人员，是事故发生的直接原因。

2）经贸有限公司对经营过程中涉及的行车及附属部件安全管理不到位。

3）经贸有限公司未制定安全操作规程。

4）经贸有限公司对从业人员的教育培训不到位。

3. 预防措施

1）起重作业前，必须对所用吊、索具进行检查，并应由项目部落实专人或安全员负责定期检查，发现安全隐患必须及时更换。

2）严格执行“重物下面有人不吊”的规定，在吊运过程中应采取避开下面工作人员的有效措施。

3）制定安全操作规程并对作业人员进行安全教育。

第八章　起重吊运指挥信号

《起重机　手势信号》（GB 5082—2019）中对现场指挥人员和起重机司机所使用的基本信号和有关安全技术作了新的统一规定。

建筑起重吊装中司索信号工常用的指挥信号有通用手势信号、垂直运动信号、水平运动信号、相关部件的运行信号，起重司索信号工必须掌握起重指挥信号的运用。

第一节　手势信号的要求

1）手势信号应合理使用，并被起重机操作人员完全理解；

2）手势信号应清晰、简洁，以防止误解；

3）非特殊的单臂信号可以使用任何一只手臂表示（特殊信号可以用一只左手或右手表示）；

4）指挥人员应遵循以下规定：

（1）处于安全位置；

（2）应被操作人员清楚看见；

（3）便于清晰观察荷载或设备；

5）操作人员接收的手势信号只能由一个人给出，紧急停止信号除外；

6）必要时，信号可以组合使用。

第二节　通用手势信号

一、操作开始（准备）

手心打开、朝上，水平伸直双臂，如图 8-1（a）所示。

二、停止（正常停止）

单只手臂，手心朝下，从胸前至一侧水平摆动手臂，如图 8-1（b）所示。

三、紧急停止（快速停止）

两只手臂，手心朝下，从胸前至两侧水平摆动手臂，如图 8-1（c）所示。

四、结束指令

胸前紧扣双手，如图 8-1（d）所示。

五、平稳或精确地减速

掌心对扣，环形互搓，如图 8-1（e）所示。这个信号发出后应配合发出其他的手势信号。

(a) 操作开始 (准备)

(b) 停止 (正常停止)

(c) 紧急停止 (快速停止)

(d) 结束指令

(e) 平稳或精确地减速

图 8-1　通用手势信号

第三节　垂直运动信号

一、指示垂直距离

将伸出的双臂保持在身体正前方，手心上下相对，如图 8-2（a）所示。

二、匀速起升

一只手臂举过头顶，握紧拳头并向上伸出食指，连同前臂小幅地水平划圈，如图 8-2（b）所示。

三、慢速起升

一只手给出起升信号，另外一只手的手心放在它的正上方，如图 8-2（c）所示。

四、匀速下降

向下伸出一只手臂，离身体一段距离，握紧拳头并向下伸出食指，连同前臂小幅地水平划圈，如图 8-2（d）所示。

五、慢速下降

一只手给出下降信号，另外一只手的手心放在它的正下方，如图 8-2（e）所示。

(a) 指示垂直距离　(b) 匀速起升　(c) 慢速起升

(d) 匀速下降　(e) 慢速下降

图 8-2　垂直运动信号

第四节　水平运动信号

一、指定方向的运行/回转

伸出手臂，指向运行方向，掌心向下，如图 8-3（a）所示。

二、驶离指挥人员

双臂在身体两侧，前臂水平地伸向前方，打开双手，掌心向前，在水平位置和垂直位置之间，重复地上下挥动前臂，如图 8-3（b）所示。

三、驶向指挥人员

双臂在身体两侧，前臂保持在垂直方向，打开双手，掌心向上，重复地上下挥动前臂，如图 8-3（c）所示。

四、两个履带的运行

在运行方向上，两个拳头在身前相互围绕旋转，向前，如图 8-3（d）所示，或向后，如图 8-3（e）所示。

(a) 指定方向的运转/回转　(b) 驶离指挥人员　(c) 驶向指挥人员

(d) 两个履带的运行 (向前)　(e) 两个履带的运行 (向后)

图 8-3　水平运动信号

五、单个履带的运行

举起一个拳头，指示一侧的履带紧锁。在身体前方垂直地旋转另外一只手的拳头，指示另外一侧的履带运行，如图 8-4 所示。

六、指示水平距离

在身前水平伸出双臂，掌心相对，如图 8-5 所示。

图 8-4　单个履带的运行

图 8-5　指示水平距离

七、翻转（通过两个起重机或两个吊钩）

水平、平行地向前伸出两只手臂，按翻转方向旋转 90°，如图 8-6（a）和图 8-6（b）所示。

注：足够的安全余量是每台起重机或吊钩能够承受瞬时偏载的保证。

(a)　(b)

图 8-6　翻转

第五节　相关部件的运行信号

一、主起升机构

保持一只手在头顶，另一只手在身体一侧，如图 8-7 所示。在这个信号发出之后，任何其他手势信号只用于指挥主起升机构。当起重机具有两套或以上主起升机构时，指挥人员可通过手指指示的方式来明确数量。

二、副起升机构

垂直地举起一只手的前臂，握紧拳头，另外一只手托于这只手臂的肘部，如图 8-8 所示。在这个信号发出后，任何其他手势信号只用于指挥副起升机构。

三、臂架起升

水平地伸出手臂，并向上竖起拇指，如图 8-9 所示。

图 8-7　主起升机构

图 8-8　副起升机构

图 8-9　臂架起升

四、臂架下降

水平地伸出手臂，并向下伸出拇指，如图 8-10 所示。

五、臂架外伸或小车向外运行

伸出两只紧握拳头的双手在身前，伸出拇指，指向相背，如图 8-11 所示。

六、臂架收回或小车向内运行

伸出两只紧握拳头的双手在身前，伸出拇指，指向相对，如图 8-12 所示。

图 8-10　臂架下降

图 8-11　臂架外伸或小车向外运行

图 8-12　臂架收回或小车向内运行

七、荷载下降时臂架起升

水平地伸出一只手臂，并向上竖起拇指。向下伸出另一只手臂，离身体一段距离，连同前臂小幅地水平划圈，如图 8-13 所示。

八、荷载起升时臂架下降

水平地伸出一只手臂，并向下伸出拇指。另一只手臂举过头顶，握紧拳头并向上伸出食指，连同前臂小幅地水平划圈，如图 8-14 所示。

图 8-13　荷载下降时臂架起升

图 8-14　荷载起升时臂架下降

第六节　起重吊运指挥语言

随着时代的发展，建筑起重吊装中司索信号工用的手势信号或旗语信号转变成语言，并用无线电对讲机等通信设备进行指挥，是一种新的指挥方法。

指挥语言主要应用在超高层建筑、大型工程或大型多机吊运的指挥和工作联络方面。它可以用于领导向指挥人员下达工作任务和要求或指挥人员对起重机发出具体工作命令。利用无线对讲机等通信设备进行指挥的这种方法已经被广泛使用。

参考文献

[1] 中华人民共和国国家质量监督检验检疫总局，中国国家标准化管理委员会．起重机械安全规程 第1部分：总则：GB/T 6067.1—2010 [S]．北京：中国标准出版社，2011.

[2] 中华人民共和国国家质量监督检验检疫总局，中国国家标准化管理委员会．起重机械安全规程 第5部分：桥式和门式起重机：GB/T 6067.5—2014 [S]．北京：中国标准出版社，2015.

[3] 中华人民共和国国家市场监督管理总局，中国国家标准化管理委员会．起重机 手势信号：GB/T 5082—2019 [S]．北京：中国标准出版社，2019.

[4] 中华人民共和国国家质量监督检验检疫总局，中国国家标准化管理委员会．起重机 钢丝绳 保养、维护、检验和报废：GB/T 5972—2016 [S]．北京：中国标准出版社，2016.

[5] 中华人民共和国国家质量监督检验检疫总局，中国国家标准化管理委员会．钢丝绳 术语、标记和分类：GB/T 8706—2017 [S]．北京：中国标准出版社，2017.

[6] 中华人民共和国国家质量监督检验检疫总局，中国国家标准化管理委员会．起重机械分类：GB/T 20776—2006 [S]．北京：中国标准出版社，2007.

[7] 中华人民共和国住房和城乡建设部．建筑施工安全检查标准：JGJ 59—2011 [S]．北京：中国建筑工业出版社，2012.

[8] 中华人民共和国住房和城乡建设部．建筑施工起重吊装工程安全技术规范：JGJ 276—2012 [S]．北京：中国建筑工业出版社，2012.

[9] 中华人民共和国住房和城乡建设部．建筑施工易发事故防治安全标准：JGJ/T 429—2018 [S]．北京：中国建筑工业出版社，2018.

［10］ 建筑施工特种作业人员安全技术培训教材编审委员会．建筑起重司索信号工［M］．北京：中国建筑工业出版社，2019.
［11］ 王东升，徐希庆．建筑起重司索信号工［M］．北京：中国建筑工业出版社，2020.